失敗の本質

戦場のリーダーシップ篇

野中郁次郎◉編著
杉之尾宜生／戸部良一／土居征夫／河野 仁／山内昌之／菊澤研宗◉著

ダイヤモンド社

戦後、多くの経営者が戦争協力者として追放された。後を引き継いだ若い経営者たちは、従来の日本的組織に根を張っていた非科学性を否定したうえで、欧米の科学主義を導入した。そして、日本流と欧米流をうまくブレンドして独自の組織を進化させたのである。たとえば、ＱＣサークルが成果を上げたのは、日本人の持つ共同体意識や日本的組織の強みともいえる優秀な〝下士官〟（現場リーダー）の力を、欧米の科学的なアプローチと融合させることができたからだろう。『失敗の本質』に投影した経営学的な問題意識は、いま振り返れば情報処理だったといえる。情報の伝達と共有、処理プロセスのスピードが作戦の成否を分けることも多いものだ。その後、私たちは知識に目を向けた。

情報を基にして適応することはできても、創造することは難しい。創造の世界を開くのは、自分たちの思い（暗黙知）を言葉（形式知）にし、言葉を形に（実践）していくダイナミックなプロセスである。このような知識創造理論を発展させるなかで、課題はなお残った。それは、知識創造プロセスをマネージするリーダーシップとは何かということである。

このテーマを考えながら、『戦略の本質』（日本経済新聞社）を二〇〇五年に出版した。戦略の本質は逆転のなかに見出せるのではないかと考え、毛沢東やウィンストン・チャーチルなどが指揮した戦争、その戦略を分析・解釈するという試みだった。そして、さまざまな逆転のケースに通底するリーダーシップの本質について考えるなかで、突き当たったコンセプトが、古代ギリシャの哲学者、アリストテレスの提唱した「フロネシス（phronesis）・賢慮ないし実践知」である。

知識創造からフロネティック・リーダーへ

私たちはこう書いた。

「戦略の構想力とその実行力は、日常の知的パフォーマンスとしての賢慮の蓄積とその持続的練磨に依存するのである。戦略は、すべて分析的な言語で語れて結論が出るような静的でメカニカルなものではない。究極にあるのは、事象の細部と全体、コンテクスト依存とコンテクスト自由、主観と客観を善に向かってダイナミックに綜合する実践的知恵である。

それは存在論（何のために存在するのか）と認識論（どう知るのか）、あるいは理想主義とプラグマティズムを、実践においてダイナミックに綜合する賢慮そのものであろう。

戦略の本質は、存在をかけた『義』の実現に向けて、コンテクストに応じた知的パフォーマンスを演ずる、自律分散的な賢慮型リーダーシップの体系を創造することである」

詳細は第一章に譲るが、フロネシスの中身を一言で言えば、個別具体の物事や背後にある複雑な関係性を見極めながら、社会の共通善の実現のために、適切な判断をすばやく下しつつ、みずからも的確な行動を取ることができる「実践知」のことをいう。そうした知を備えたリーダーがフロネティック・リーダーだ。

その典型が『戦略の本質』でも取り上げたチャーチルである。チャーチルは、アドルフ・ヒトラー率いるナチスに敢然と立ち向かい、最後は勝利を収めた。ところが、その姿勢は当時のイギリスにおいては少数派で、ナチスとの宥和政策を奉じる政治家のほうが多かった。

そうしたなか、なぜチャーチルはナチスとの対決という、より困難な道を選んだのか。そこで『危機の指導者チャーチル』（新潮選書）の著者、富田浩司氏は、チェンバレンやハリファックスの脳裏にあったのは、第一次大戦の悪夢であり、大恐慌に苦しむ国民の顔だっただろう、と書く。一方のチャーチルが開戦の決断を行った時、心に浮かべたのは、大英帝国の栄光を築いたドレーク提督、ネルソン提督といった輝ける先人の姿だった。歴史に裏打ちされたイギリス人の強靱さを彼は信じていた。だからこそ、「ヒトラーのような邪悪な存在に対して、だれかが立ち上がらなければならない。でなければ人類が破滅してしまうかもしれない」と考えることができたのだ。

チャーチルは若い頃は軍人でもあった。南アフリカで起きた第二次ボーア戦争に従軍、一時捕虜となるが、収容所から脱走して事なきを得ている。こうした従軍経験も実践知の涵養に大きな影響を及ぼしたのは間違いないだろう。

私たちが『失敗の本質』で書いたように、残念ながら、かつての日本はチャーチルのような卓越したリーダーを持たなかった。いまも、十分、持っているとはいえないのではないか。

そのことを痛感させられたのが、東日本大震災に付随して発生した福島第一原発事故である。筆者は福島原発事故独立検証委員会の委員として、今回の原発事故について分析・検証を行った。この調査の眼目は、発電所の技術的マネジメントやエビデンスという直接的な原因だけに着目するのではなく、起こった事象の背後にある当事者の認知や行動パターン、組織のシステムや文化といった「見えにくい関係性」を顕在化させることにあった。これらの間接的な要因も考慮した多元的アプローチを試みた結果、明らかになったのは、菅直人を中心とする官邸チームや東京電力に危機対応リーダーシップと覚悟が欠如し、国家の危機管理体制が機能しなかった、ということである。この事故は、言わば閉鎖コミュニティがもたらした「知の劣化」による人災なのである。

今回の危機はまさに戦時である。事故後、官邸中枢には、状況に即した組織的判断力、本部と事故現場との連携が不可欠だったはずである。にもかかわらず、官邸中枢の対応は、『失敗の本質』で挙げた日本軍の「組織的失敗の要因」の二の舞を演じた。特筆すべきは次の三点であろう。

- ●イデオロギーに縛られ現実を直視できず、国家の安全保障という大局的な見地に基づく現場対応もできなかった。
- ●開かれた多様性を排除し、同質性の高いメンバーで独善的に意思決定する内向きな組織であった。
- ●多様性の高いタスクフォースと官僚制を活かすために必要な統合・統制能力が欠如していた。

官邸中枢の危機対応は、白兵銃剣主義や艦隊決戦主義という強力なイデオロギーに縛られ、「いま」「ここ」の現実に向き合えなかったために現場の課題に直結する大局的視点を持ちえず、ダイナミックな危機対応ができなかった日本軍のそれに酷似している。さらに、官邸中枢はインフォーマルな人的ネットワークを優先して形成され、危機管理センターとの間にリアルな共感の場を喪失した。これまた、ボトムアップで集まる情報や問題提起を無視し、外からの干渉を許さなかった参謀本部（陸軍）の内向き志向そのものである。結果的に、これが組織的連携を大幅に遅らせた。そして、陸海軍間の戦略・思考・行動様式等の対立から組織としての有機的統合・統制に失敗した大本営と同じく、官邸中枢も、組織にとって不利益な情報を隠蔽し、責任ある立場の各人がその任を果たさず責任者不在の妥協を繰り返した。日本軍と同じ轍を踏んだ危機対応の様相に、まさにフロネティック・リーダー不在の国家経営の縮図を見る思いがしたものだ。

日本軍の過去の失敗を例に、現在の組織に有益な教訓を引き出したのが『失敗の本質』だとしたら、日本軍の指導者の失敗と（数少ない）成功を題材に、現在のリーダーや組織にとっての有益な教訓を引き出したのが本書である。「第二の敗戦」ともいわれる今回の原発事故では、関連議事録の不作成により「失敗から学ぶ」ことを困難にしている。この時期に、本書を上梓することで、この国の未来を担う「フロネティック・リーダー」の育成に、いささかでも貢献できれば幸いである。

二〇一二年七月

野中郁次郎

失敗の本質　戦場のリーダーシップ篇

目次

第4章 昭和期陸軍の病理

第12章 派閥の組織行動論

菊澤研宗

あとがきにかえて

Ⅰ◉リーダーシップの本質

第1章

戦場のリーダーシップ

求められる「現場感覚」「大局観」「判断力」

野中郁次郎

フランス敗れたり

フランス版『失敗の本質』ともいうべき書物をご存じだろうか。作家、アンドレ・モーロウが亡命先のアメリカで筆を執り、一九四〇年五月、ナチス・ドイツの猛攻の前に、わずか六週間で、なす術もなく敗れ去った祖国の敗因を詳細かつ冷静に分析した作品であり、日本も含めた世界じゅうでベストセラーになった古典的名著『フランス敗れたり』（ウェッジ、二〇〇五年）である。

たまたま最近、同書を手に取ったのだが、背筋に冷たいものが走った。そこで描かれている内容が、戦後日本、特に二〇一一年三月の原発事故とその後の稚拙な対応に象徴されるいまの日本の政治状況にそっくりなのだ。

独仏国境につくられた要塞＝マジノ・ラインに象徴的な、非現実的な専守防衛的発想、「ナチズムは一時の麻疹《はしか》のようなもので、ドイツにも早晩、健全な民主主義が根づくはずだ」という根拠なき希望的観測、国際連盟に対する過度の期待、あらゆる戦争を否定する平和至上主義、政治指導者の腐敗・堕落……ダイナミックな危機対応力に欠けた、いまの日本との類似点を挙げれば枚挙に暇がないくらいだ。

フランスが犯した「失敗の本質」を的確に指摘したうえで、モーロウは、祖国フランスの「救済策」を次のように書いている。

●強くなること――国民は祖国の自由のためにはいつでも死ねるだけの心構えがなければ、やがてその自由を失うであろう。
●敏捷に行動すること――間に合うようにつくられたる一万の飛行機は、戦後の五万台に勝る。
●世論を指導すること――指導者は民に行くべき道を示すもので、民に従うものではない。
●国の統一を保つこと――政治家というものは同じ船に乗り合わせた客である。船が難破すればすべては死ぬのだ。
●外国の政治の影響から世論を守ること――思想の自由を擁護するのは正当である。しかし、その思想を守るために外国から金をもらうのは犯罪である。
●祖国の統一を攪乱しようとする思想から青年を守ること――祖国を守るために努力しない国民は、自殺するに等しい。
●治める者は高潔なる生活をすること――不徳はいかなるものであれ、敵につけ入る足がかりを与えるものである。
●汝の本来の思想と生活方法を熱情的に信ずること――軍隊を、否、武器をすらつくるものは信念である。自由は暴力よりも熱情的に奉仕する値打ちがある。

モーロウのこの悲痛な指摘を読むと、当時のフランスは国家存亡の危機を乗り切れる優れたリーダーを明らかに欠いていたことがわかる。

歴史にイフは存在しないが、当時どんなリーダーがいたら、「フランスは敗れなかった」だろうか。

まえがきで述べたように、その問いを解くキーワードは、アリストテレスが述べた「フロネシス」（phronesis）であろう。ウィンストン・チャーチルのようなリーダーを、フランスは持てなかったのだ。

リーダーに求められる六つの能力

フロネシスは賢慮（prudence）、または実践的知恵（practical wisdom）と訳されるが、その両方の意味を込めて「実践知」と私たちは言っている。（注1）この概念は経営学ではほとんど関心を集めなかったが、政治学や教育学の領域では一部展開されている。アリストテレスはポリス社会、民主制におけるリーダーのあり方を考えたので、もともと政治学の要素を含んでいたからだ。

アリストテレスが思い描いたフロネシスを持つリーダー、つまりフロネティック・リーダーは、ギリシャの将軍で、有能な政治家でもあったペリクレスである。アリストテレスはフロネシスの本質を判断（judgment）に求めた。ポリス社会における「共通の善」（common good）という価値基準をベースに、一般論ではなく、個別具体の判断を適切に行う力。そのつどの文脈のただなかで、最善の判断ができるという実践知がフロネシスである。

マネジメントにおいても判断は重要だが、意思決定（decision making）という言葉が使われるケースが多いかもしれない。アメリカの経営学では、伝統的にディシジョンという言葉が使われている。ただ、ディシジョンというと、アルゴリズムを入れてやればコンピュータでもできるような印象がある。ある意味では、情報処理のプロセス・モデルといえるだろう。

これに対して、フロネシスは人間の究極の知。それは文脈に即した判断（contextual judgment）、適時・絶妙なバランス（timely balancing）を具備した高度なリーダーシップである。このようなジャッジメントを、分析だけによって導くことはできない。分析という行為は、スタティックな対象を必要とする。しかし、現実における文脈、その背後にある関係性はいつも動いている。その動きのなかで判断する能力は、分析力というよりは総合力なのである。

では、フロネティック・リーダーの要件は、どのようなものだろうか。

私たちは次の六つの能力が必要だと考えている。

①「善い」目的をつくる能力
②場をタイムリーにつくる能力
③ありのままの現実を直観する能力
④直観の本質を概念化する能力
⑤概念を実現する政治力

⑥実践知を組織化する能力

これらの能力を抽出する際には、『戦略の本質』で取り上げたチャーチルや若き日の毛沢東などを参考にしている。彼らのリーダーシップを六つの要素に分解すると、うまく説明できるのではないかと考えているからだ。

ただ、日本軍指揮官のリーダーシップを検討する場合は、もう少しシンプルなモデルを考えたほうが本質をとらえやすい。そこで、この六つの能力を、刻々と移り変わる戦場のミクロの状況を理解する「現場感覚」（先の②と③に相当）、それとは対照的に、戦局をマクロに把握する「大局観」（同①と⑤）、その二つを基に、適時・的確な指示を下す「判断力《ジャッジメント》」（同④と⑥）の三つにまとめ、考察を進めたい。

硫黄島の栗林と沖縄の牛島

まずは、島嶼《とうしょ》防衛作戦ということで、硫黄島の戦い（章末「硫黄島の戦い」を参照）の指揮を執った栗林忠道と、沖縄戦（章末「沖縄戦」を参照）を戦った牛島満を取り上げる。

この二人には共通項を多く見出すことができる。ともに現場に詳しく、部下の尊敬を一身に集めた武人であり、太平洋戦争の最終盤に硫黄島と沖縄において圧倒的な戦力を投入したアメリカ軍と対峙した。

昭和一七年（一九四二）のガダルカナル島侵攻以降、アメリカ軍は水陸両用作戦という新しいコンセプトを実践して、太平洋の島々を北上した。陸海空の戦力が一致協力し、艦砲射撃と近接航空支援、歩兵が三位一体で上陸作戦を敢行する。海兵隊を尖兵とするこのタスクフォースを、日本軍はついに一度も止めることができなかった。海兵隊にとって、沖縄戦は一八回目の成功事例である。

硫黄島の栗林と沖縄の牛島は、アメリカ軍の上陸作戦の特徴を理解していた。三位一体の攻撃に対して、従来のように上陸の際に水際で叩くという戦法は無力化される。艦砲射撃と近接航空支援によって損害が膨らむだけだ。しかも、彼我の戦力差はあまりにも大きい。とすれば、大局的な視点から見ると、目的は出血持久にならざるをえない。日本陸軍伝統の白兵銃剣突撃が機能しないことは、それまでの数々の事例から明らかであった。

初戦で負けたとしても、いかに敵の損害を最大化し、時間を長引かせるかを考える必要がある。二人はこの使命を明確に認識していたはずだ。それは経験のなかで培われた現場感覚によるものであろう。

映画『硫黄島からの手紙』には、硫黄島に着任した栗林が「この丘陵はどうかな」などと言いながら島を歩き回るシーンがある。おそらく、それは実際に行われたことだと思う。戦場を地図で把握することはできない。一本の木があるだけで防御できる場合もある。栗林は現場に這いつくばって、ディテールを直接観察した。そのうえで、作戦を練り上げた。それは水際では戦わずに、島の内部に引き込んで戦うというものであった。

自決や万歳突撃などは禁止し、兵力の損耗をできる限り抑えながら、最後の一兵まで戦うことで戦略合理性を貫徹した。日本軍の戦死者数はアメリカ軍の三倍近くに達したが、総死傷者数ではアメリカ軍のほうが多い。出血持久というミッションは果たされた。

栗林はフロネティック・リーダーに求められる三要件を兼ね備えている。現場感覚と大局観、そして判断力にも秀でていた。栗林は、硫黄島の作戦を立案する際に意見が対立した参謀を更迭している。背後の関係性を読んだうえで、実践知を実現するために政治力を駆使したのである。

結果として、日本軍はほぼ全滅に近い形になるが、当初の目的の長期持久には成功した。一方、沖縄の牛島も出血持久を念頭に置き、水際作戦を採用しなかった。しかし、アメリカ軍上陸後一カ月が経過する頃には、そんな牛島の方針も揺らぎ始める。

合理的な判断力を備えた参謀、八原博通は徹底した持久戦を主張した。牛島はその考えに共鳴しつつも、最終的には反撃を求める参謀長の長勇《ちょういさむ》や大本営の意見に妥協する。反撃作戦の多くは失敗に終わり、沖縄守備隊の戦闘能力は急速に低下した。

牛島に欠けていたもの、それは政治的な判断力と実行力である。ミッションを実現するためには、八原の後ろ盾になって上を説得する必要があったのだが、逆に牛島は長に説得された形になってしまった。軍事的な合理性を途中で放棄したのである。

インパールの牟田口とモンゴルの根本

次に、大陸での野戦を取り上げたい。インパール作戦（章末「インパール作戦」を参照）の牟田《む》口《た》廉也《ぐちれんや》と駐モンゴル軍司令官（章末「モンゴル撤退」を参照）を務めた根本博である。

インパール作戦は無謀な作戦の典型例のようにいわれるが、立案・指揮した牟田口のリーダーシップをどう評価すべきか。牟田口は実戦経験が豊富で、現場感覚を持った軍人だった。ある程度の大局観も備えていたのだろうが、決定的に欠けていたのはジャッジメントの能力である。

インパール作戦は昭和一九年（一九四四）三月に始まり、七月に中止が決定された。その目的自体が曖昧で、作戦計画もずさんなものだった。また、中止の決断が遅れたことが甚大な損害をもたらした。六月上旬には、牟田口とその上司であるビルマ方面軍司令官の河辺正三《まさかず》は作戦継続は無理だと認識しているが、ずるずると判断を遅らせ一カ月を無為に過ごしてしまった。

雨季の戦線で一カ月は長い。その間に、第一五軍は餓死も含めた膨大な犠牲を強いられた。自分の立てた作戦を否定するのはつらいことである。しかし、必要な時には自己否定しなければならない。それが共通善の視点に立ったジャッジメントの能力である。

判断力の乏しいリーダーの最大の問題は、スピード感を欠くことだ。スピードが遅いからタイミングをつかめない。つまり、タイムリー・ジャッジメントができない。それは、『失敗の本質』

で取り上げたケースに一貫して当てはまる。

ミッドウェー海戦も同様である。第一航空艦隊司令長官の南雲忠一《なぐもちゅういち》は、差し迫った状況で航空機の兵装を陸上攻撃用の爆弾にするか、それともアメリカ艦隊を攻撃する魚雷にするのか逡巡する。結局、兵装の転換に要した時間が戦いの帰趨を決した。時々刻々と変化する関係性、その関係性が形づくる文脈に即してタイムリーな判断ができるかどうか。日本軍においてその能力を備えた指揮官は、ごくわずかだったと言わざるをえない。

一方、駐モンゴル軍の根本は、先述の栗林とともに、稀有なリーダーの一人だったといえるだろう。根本は駐モンゴル軍司令官として終戦を迎えたが、その時、関係性を読み込んだうえで何が自分のミッションかを考えた。そして、第一になすべきは四万人の居留邦人の保護であると結論づけた。この最優先課題に対処するため、降伏後の武装解除にも応じず、対ソ戦闘を継続した。

ソ連軍だけでなく、八路軍（中国人民解放軍の前身の一つ）の攻撃にも耐えながら邦人の脱出ルートを守り抜き、最終的に根本は国民党軍に降伏する。流動的な文脈を読み込み、根本が守るべき邦人と部隊の利害得失をすべて考慮したうえで、国民党軍に下るべきと考えたのであろう。これこそ、本当のジャッジメントである。

終戦前後の大混乱のなかで、根本はなぜ目には見えない関係性を的確に読み取ることができたのか。一つのヒントは彼の人脈である。国民党軍と戦いながら、根本は敵の将校たちとも会っていた。清濁合わせ呑む度量とマキャベリ的な知性を持った人物だったといえるだろう。

レイテ〝謎の反転〟の栗田とキスカ撤退の木村

日本軍指揮官の例として、最後に海軍指揮官二人を取り上げたい。昭和一九年（一九四四）のレイテ沖海戦（章末「レイテ沖海戦」を参照）で第一遊撃部隊を率いた栗田健男と、キスカ島撤退作戦（章末「キスカ島撤退作戦」を参照）を成功させた木村昌福《まさとみ》である。

栗田は、レイテ湾への突入を目前に艦隊を反転させ、戦局を打開する最後のチャンスを失った。この〝謎の反転〟はよく知られた話で、これまでさまざまな議論がされてきた。反転した理由はいくつか考えられるが、私には艦隊決戦主義の呪縛のように思われてならない。

この作戦の大きな目的は、フィリピンへのアメリカ軍の侵攻を阻止することであった。もしフィリピンがアメリカ軍の手に落ちれば、南方からの資源ルートは遮断される。この目的の下、栗田艦隊のミッションは、レイテ湾に突入してアメリカ軍の上陸部隊を壊滅することにあった。

しかし、栗田はジャッジメントを誤る。レイテ湾には敵艦隊はいないかもしれない、輸送船だけなら突入する意味がない。艦隊同士の戦いで雌雄を決すべきという海軍の伝統が、栗田に反転を決意させたのだろう。

戦場の錯綜する情報のなかで、適切な判断を下すのは難しいことである。そのためには、個別具体の現実をありのままに見つめる能力が不可欠だ。栗田の目を曇らせていたのは、日本海海戦の成功体験に固執した帝国海軍の体質そのものであったといえるだろう。

それに対して、海軍の伝統から最も遠いところにいたのが木村かもしれない。木村は自分のミッションを明確に自覚していた。キスカ島守備隊の救出あるのみ。相手は敵の上陸部隊なのか、それとも艦隊なのかを判断できなかった栗田との大きな違いがここにある。

ミッションを達成するうえで、木村は濃霧が不可欠と考えた。したがって、一回目の出撃では、濃霧がないという理由で引き返している。客観的に見れば合理的な行動だが、当時の海軍では評判が悪い。健在主義という言葉があるが、つまり「あいつは弱腰だ」と批判される。そう言われるのが怖くて、勝ち目のない作戦を強行した指揮官の何と多いことか。

そんな批判を木村は受け流した。二度目の出撃ではレーダーを装備した最新鋭の駆逐艦を動員し、九州帝国大学で理学を学んだ気象の専門家を同行させた。こうしてハードとソフトのリソースを最適配置したうえで、木村は運を待った。

実際、二度目には濃霧が出た。ほかにもいくつかの偶然に助けられたが、重要なのは偶然を活かすための準備をしていたということである。見事なジャッジメントといえるだろう。

フロネティック・リーダーの育成

栗林と牛島、牟田口と根本、栗田と木村、という三つの対比によって、フロネシスの本質が浮かび上がる。栗林、根本、木村が備えていた実践知、あるいは文脈の背後にある関係性を読み取る能力は、どのようにすれば身につけることができるのだろうか。

実践知を形成するための基盤の一つは経験である。とりわけ重要なのは修羅場経験、そして成功と失敗の経験だ。文脈は常に動いている。「この文脈においては、この選択肢が最適だ」というジャストライトな判断をするためには、論理を超えた多様な経験が欠かせない。

また、どのような師と出会い、どのような関係を築いたか。つまり、手本となる人物との共体験も、リーダーシップの形成に大きな影響を与える要素であろう。ある種の徒弟的な関係のなかで、文脈を洞察する実践知が育まれるケースも多いように思える。

先ほど経験の重要性を指摘したが、もう一方では教養(リベラル・アーツ)も重要な要素である。哲学や歴史、文学などを学ぶなかで、関係性を読み解く能力を身につけることができる。また、レトリックは部下や周囲を共鳴させる力として有効である。

ギリシャ時代、レトリックは教養の重要な一部と考えられた。言い換えれば、弁論術や演説力である。最初は乗り気でなかった人にも、演説を聞くうちに「ひょっとしたらできるのではないか」と思わせてしまう。そんな弁論術も含めた政治力は、フロネティック・リーダーの重要な要素である。

ところが、陸軍大学校や海軍大学校が教養を重視していたという話は聞いたことがない。それがバランスを欠いた指揮官を生み、バランスを欠いた戦い方につながった面もあるのではないか。

元来「古典」を意味する“classic”はラテン語の「艦隊」から来ている。救国の艦隊のように、人間の心の危機において本当に精神に力を与えてくれる書物や芸術が古典なのであろう。

一方のアメリカ軍は、バランス感覚を持ったリーダーの下で、バランスの取れた戦い方をした。教育の側面も無視できないと思うが、私は人事政策による部分が大きいと考えている。戦時体制のアメリカ政府は、統合参謀本部をはじめ、軍のポストに多くの民間人を起用した。それが知のバラエティを豊かにし、組織にバランス感覚を植えつけたのだ。

多様性を前提とする組織は、その一方で統合力を高めようというメカニズムが働く。それが陸海空を統合したタスクフォースの編成にもつながった。これに対して、日本軍は均質な組織であるが、その中身は分野ごとにサイロで分断されていた。

タスクフォースは空母攻撃部隊などと訳されるが、元は山本五十六《いそろく》連合艦隊司令長官が創造したものである。空母を中心とする艦隊を編成し、航空機による攻撃で敵を叩く。山本は、その卓抜な戦術を考案し、真珠湾で実践してみせた。しかし、山本は不言実行の人だった。豊富な暗黙知を蓄えてはいるのだが、開かれた対話を好み、言語化、概念化する能力に優れていたとはいえない。

むしろ、真珠湾からより多くを学んだのはアメリカ軍だった。太平洋艦隊司令長官のチェスター・W・ニミッツは山本のアイデアをきちんと概念化し、タスクフォースという部隊を確立したのである。そこには船というハード、艦隊や海兵隊を有機的に編成するというソフトの両方がバランスよく総合されている。

冒頭で、フロネティック・リーダーの四番目の要件として、直観を概念化する能力を挙げた。換言すれば、暗黙知を形式知化する能力である。概念化、言語化できて初めて、組織的な共有が可能になる。それにより、組織からのフィードバックを得て、直観をさらに磨くことができる。このスパイラルアップのサイクルは、言葉によって起動されるのだ。

さらに言えば、人事と組織の観点からも、日本軍とアメリカ軍の差は歴然としている。学校での成績が重視される人事システムに象徴されるように、日本軍の組織や人事はきわめて硬直的なものであった。陸軍と海軍の意見が対立すれば、それを制度的に解決できるのは天皇だけである。陸海軍の連絡会議は存在したが、全会一致でなければ物事が決まらない。官僚組織の葛藤が組織を思考停止に陥らせていた。

アメリカ軍もまた官僚組織である以上、日本軍と同じような葛藤を抱えている。その葛藤のなかで複雑に絡み合った関係性を読み込んだうえで、的確な判断を下せるフロネティック・リーダーがアメリカ軍には多くいた。

対立した利害を最終的に調整する仕組みもあった。統合参謀本部議長が大統領の裁可を仰ぐことで、政府としての意思を決定する。調整機能がほとんど存在しなかった日本軍とは比較にならないスピードで、物事を進めることができた。

また、アメリカ軍では抜擢人事も多かった。通常は少将が最高位で、中将以上はタスクに応じて任命される。たとえば、艦隊の司令官を任される時だけ中将に昇進し、その任を解かれると少将に戻る。こうした柔軟なシステムにより、適材適所の人材配置がしやすくなる。

サイロの破壊とタスクフォースの創設

八〇年代、日本的経営は世界を席巻した。しかし、その輝きは九〇年代以降、急速に色あせてしまった。組織の上部に人材が堆積してトップヘビーになり、その重みに押し潰されるようにミドルは元気をなくしていった。

その背景にはさまざまな要因があると考えられる。アナログからデジタル、クローズドからオープンへという時代の変化のなかで、日本企業の強みだった高質の暗黙知がモジュール化された。このような動きに日本企業はうまく適応できず、組織としてのバランス感覚を徐々に失ってしまったように見える。

ただ、最も大きな要因はリーダーシップにあると私は考えている。「最後はオレが責任を取る」というタイプのリーダーは少なくなり、投資案件の決裁を求められると「大丈夫か？」と聞くだけ。最初から大丈夫だとわかっている投資なら、儲かるわけがない。リスクを負ってチャレンジするから意味があるのだ。

企業経営者に蔓延する〝大丈夫か？シンドローム〟を、私は大変心配している。必要以上の慎重さで様子見を続けるから、海外のプレーヤーに比べてスタートが遅れてしまう。この状態のままでは、イノベーションは期待できない。

世界は常に動き、川のように流れている。プロセスとしての世界のなかで、いかにタイムリーにジャストライトな判断をするか。八〇年代、多くの日本企業はそんな能力をリーダーと組織が共有していた。

では、一度は失った能力をどのようにして再構築するか。あるいは、組織的なフロネシスをいかに取り戻すか。それは困難な道のりだが、最初の第一歩を踏み出さなければ何も始まらない。その第一歩にふさわしいのが、タスクフォースである。

なぜなら、それは実践知を学ぶための最良の場だからだ。事業部の壁を壊してトップ直轄のタスクフォースを組成し、チャレンジングなテーマを与える。そのなかで将来のフロネティック・リーダーが生まれ、組織的フロネシスが育まれるはずだ。

ゼネラル・エレクトリックのCEOジェフリー・イメルトは、「エコマジネーション」のビジョンを掲げ、二〇本ほどのタスクフォースを直轄しているという。それらのすべては、事業部を超えた全社的かつ社会的なテーマを扱っている。目を輝かせて困難に立ち向かう精鋭たちとの議論を、イメルトは心から楽しんでいるのだろう。

最近、いくつかの日本企業に、同様の取り組みを始める動きがある。特に大企業は、サイロにいくつもの宝物を埋もれさせている。技術、ノウハウ、人材――何が埋もれているかは、壁を壊し、光を入れてみなければわからない。「動きながら考え抜く」ただなかから、共通善が見えてくるのだ。

いま実行すべきは、サイロの破壊とタスクフォースの創設を通じた機動的な知の総動員である。それが日本企業復活のカギだと私は確信している。

【注】

1) Ikujiro Nonaka and Hirotaka Takeuchi, "The Wise Leader," *Harvard Business Review*, May 2011.（邦訳「賢慮のリーダー」『DIAMONDハーバード・ビジネス・レビュー』二〇一一年九月号）

硫黄島の戦い

昭和二〇年（一九四五）二月から三月にかけて、小笠原諸島の硫黄島で行われた戦闘。太平洋戦争後期の島嶼戦のなかでも、アメリカ軍の死傷者数が日本軍よりも多かった数少ない例となった。

アメリカ軍は、前年にその南に位置するマリアナ諸島を攻略。そこから〈B－29〉による日本本土への爆撃を開始しており、〈B－29〉の緊急着陸基地および援護戦闘機の基地確保のため、飛行場に適した硫黄島侵攻を決めた。日本軍は、すでに南洋諸島における制海権・

制空権をほぼ失っていることに加え、兵器・兵力でも大幅に劣っていたため、アメリカ軍の硫黄島占領に抵抗することで、本土への本格爆撃を一日でも遅らせることが最大の目的となった。

約二万人に及ぶ日本軍の指揮を執ることになった第一〇九師団長の栗林忠道は、敵の上陸時を攻撃する従来の水際作戦を捨て、敵上陸後に地下陣地からゲリラ戦法を行う持久戦を選択。半年近くをかけて全長一八キロメートルにも及ぶ坑道から成る地下陣地を構築するとともに、作戦をより効果的に遂行するため、部下の万歳突撃や自決を禁止した。

アメリカ軍は神出鬼没の日本軍に苦しめられて約二万八〇〇〇人の死傷者を出し、当初一週間程度と予想されていた占領までの期間は一カ月にまでずれ込んだ。日本側も全兵力二万人のうち生還者は約一〇〇〇人というほぼ全滅で、栗林も三月二六日に残った部下とともに敵陣地への突撃を試み、戦死したとされている。

沖縄戦

硫黄島の戦いと並んで、現在の日本国土で行われた二つの戦闘の一つ。期間は昭和二〇年(一九四五)三〜六月で、日米間の最後の大規模戦闘となった。

日本の沖縄守備軍は、陸軍の第三二軍（牛島満司令官）を中心に約一一万人、対するアメリカ軍は支援部隊も含めると五四万人以上と圧倒的な差があった。それにも増して日本にとって致命的だったのが、根本的な作戦目的についての、大本営と現地軍の意思不統一。航空決戦のための攻勢作戦を志向する大本営に対して、現地の第三二軍は本土決戦準備のための持久戦を目指した。

第三二軍の内部でも、豪胆な性格の長勇参謀長と冷静沈着な八原博通高級参謀の間で対立が起こることが多かったという。司令官の牛島は、陸軍士官学校校長をはじめ教育畑を歴任し、温厚な人柄で知られたが、リーダーシップを発揮するよりは部下の意向を尊重するタイプの人間で、上記のような状況に有効な手立てを打てなかった。

こうした問題はアメリカ軍の沖縄上陸とともに顕在化。もともと現地軍は長期持久のために堅牢な陣地を築き、水際作戦を行っていなかったが、島内の二つの飛行場を占領されたことを危惧した大本営が総反攻を要請。長参謀長の強弁もあって二度にわたる総攻撃をかけ、兵力を無駄にすり減らす。

結果的に、六万五〇〇〇人の死者を出しただけでなく、一〇万人近い民間人の犠牲まで生んでしまう。

インパール作戦

インド北東部の都市で、イギリス軍の主要拠点でもあったインパールをビルマから山越しに攻略し、開戦後に占領したビルマの支配を確かなものにするとともに、敗色が漂い始めた戦局の打開を図った作戦。昭和一九年（一九四四）三〜七月に行われ、太平洋戦争のなかでも特に膨大な数の犠牲者を出した。

第一五軍司令官の牟田口廉也が発案・計画。インパール攻略のためには標高二〇〇〇メートル級の山々が連なるアラカン山脈を越えねばならず、補給が困難、雨季になれば疫病が発生するおそれもあったため、配下の師団長や参謀の多くが反対したにもかかわらず強行された。当初は予定通り進軍したものの、食糧や弾薬が尽き、イギリス軍の反攻も始まったため、師団長からあらためて撤退の進言がされた。ところが、牟田口は隷下三個師団の師団長全員を更迭した。

結局戦局を打開できず撤退することになるが、現地軍には食糧もなく、撤退路には餓死者の死体が延々と転がり、「白骨街道」とも呼ばれた。作戦には約一〇万人の兵士が参加し、約三万人が戦死、三万人以上が戦傷あるいは戦病のために後送されるという惨憺たる結果に終わった。

牟田口は、昭和一二年（一九三七）の盧溝橋《ろこうきょう》事件の際に、現地軍の連隊長として独断で中国国民政府軍への反撃を許可して、日中戦争のきっかけをつくった過去があり、一説では、その不名誉をこの計画の成功で挽回したいという個人的な動機があったともいわれる。

モンゴル撤退

昭和二〇年（一九四五）八月一五日、日本はポツダム宣言を受諾し、無条件降伏した。それに伴い、日本国内はもちろん、大陸に展開していた軍隊もすべて武装解除を求められる。当然のことながら交戦も停止されるはずだが、連合国のなかでソ連だけが依然、満蒙《まんもう》や千島列島などへの侵攻を続けていた。

そうしたなかで、駐蒙軍司令官だった根本博は、モンゴルに居留する日本人を保護するため、あえて武装解除を拒否し、ソ連軍や八路軍との交戦を続けながら万里の長城を目指す。その裏には、武装解除に応じる相手をどこにすれば、居留民および駐蒙軍のその後の処遇が保障されるかという冷徹な計算があったと思われる。

根本が相手に選んだのは中国国民党政府であり、結果的にこれが正解だった。蔣介石《しょうかいせき》は居留民の本土帰還を支援し、人的被害も最小限に抑えることができたという。

根本自身は昭和二一年（一九四六）六月に復員するが、三年後の昭和二四年（一九四九）

には台湾に渡っている。そこでは、内戦に敗れて台湾に移っていた中国国民党が共産党と激戦を繰り広げており、金門島での戦いで国民党を支援したといわれている。

近年、台湾当局が根本の功績を公式に認めたと報道されたが、根本のこの行動は、終戦直後に邦人保護のため手を差しのべてくれた蔣介石の恩義に報いるためだったという説もある。

レイテ沖海戦

昭和一九年（一九四四）一〇月にフィリピンのレイテ島沖で行われた海戦。帝国海軍六三隻、アメリカ海軍一七〇隻が参戦した海戦史上最大規模の戦いとなった。

レイテ島に上陸しつつあったアメリカ軍に対し、上陸が完了すれば南方から本土への資源供給路を断たれるだけでなく、台湾・沖縄が攻撃にさらされる危険があったため、日本は当時の連合艦隊の八割近くを投入し、必勝を期した。また、空母部隊が囮《おとり》となってアメリカ軍の主力部隊を引きつけ、その間に四方向から同時に別々の艦隊がレイテ湾に突入するという、独創的な作戦計画にも特色があった。

囮作戦は成功したものの、アメリカ軍の待ち伏せ攻撃を受けたり、他艦隊と連絡が取れなかったりして、ほとんどの艦隊が壊滅もしくは撤退に追い込まれた。そんななかで、栗田健男率いる第一遊撃隊が大打撃を受けながらもレイテ湾沖に到着。しかし、そこで栗田艦隊は湾内に突撃せず、〝謎の反転〟を行う。

反転の理由としては、①湾内にいると見られる戦艦部隊と交戦するには戦力が足りないと判断した、②逆に湾内には護衛艦隊や輸送船団を含めアメリカ軍艦隊がいないと考えた、③湾外にいる敵艦隊との決戦を望んだ、などさまざまことがいわれているが、現在でもわかっていない。

この海戦で日本は、空母四隻、戦艦三隻、重巡六隻他多数の艦艇を失う惨敗を喫し、以後海上での組織的攻撃能力を失った。

キスカ島撤退作戦

昭和一八年（一九四三）五月、北太平洋のアッツ島がアメリカ軍によって占領された。その東に位置するキスカ島には約五〇〇〇人の日本軍守備隊がいたが、すでにアメリカ軍が駐留していた東のアムチトカ島との間に挟まれ、孤立状態となってしまった。

そこで守備隊の救出を任命されたのが、第一水雷戦隊司令官の木村昌福である。それまでに、潜水艦を使った救出作戦が行われていたが、思ったような効果を上げられず、水雷戦隊を送り込んで短時間で霧に紛れて救出するという計画が立てられたのである。

木村は当時海軍には少なかったレーダーを装備した新型駆逐艦を用意させるとともに、この地方特有の濃霧が発生するのを待った。七月中旬に一度出撃するも、途中で霧が晴れてしまったため帰還。この行動は「弱腰だ」という声とともに、貴重な燃料を無駄に消耗したとして大きな批判を浴びることになる。

しかし、木村はそれを意に介さず、およそ一週間後の濃霧の予想日に再度出撃。ちょうどその日アメリカ軍艦隊が弾薬補給のために一時後退していた幸運も重なって、守備隊員全員の救出に成功した。

なお、木村は海軍兵学校での成績がよくなく、海軍大学校にも進学していなかったため、いわゆる出世コースからは外れていた。それが、上層部の声を気にせず、任務に集中できた理由の一つとなっていたという指摘もある。

第2章

リーダーは実践し、賢慮し、垂範せよ

名将と愚将に学ぶトップの本質

野中郁次郎

真珠湾攻撃が成功した知られざる理由

縁あって、ハワイ・ホノルルにある非営利教育法人の所長を務めることになり、同地に足を運ぶ機会が増えた。先般、日本語新聞の記者から取材を受けた際、その記者が非常に興味深いことを教えてくれた。

昭和一六年（一九四一）一二月八日の真珠湾攻撃が行われるはるか以前の明治四一年（一九〇八）六月以降、後の連合艦隊司令長官となった山本五十六《いそろく》を筆頭に、真珠湾攻撃を形にした海軍の主要スタッフが練習艦隊で真珠湾に寄港し、その地をつぶさに観察していたというのだ。

空母を中心とした機動部隊を編成して、三〇〇〇カイリもの長距離を隠密裏に航行し、アメリカ太平洋艦隊の根拠地を空から叩く――こんな奇想天外かつ乾坤一擲《けんこんいってき》の大勝負を、主要スタッフによる現地視察なきまま、机上の論議だけで構想し企画することは至難の業である。この事実を知ると、戦術的な次元での真珠湾攻撃は、やはり成功すべくして成功したのだ、とあらためて納得した。

山本五十六はその後の昭和九年（一九三四）九月、ロンドン軍縮会議の予備交渉に海軍首席代表として出席している。この時もわざわざアメリカ経由の旅程でハワイに立ち寄り、真珠湾の地形を「鹿児島湾に似ている」と書き記しているほどだ。もともとハーバード大学で研鑽し、ワシントンの日本大使館に駐在武官として赴任していた時期があり、暇を見つけてはアメリカを旅して回っていた。ワシントンから遠くテキサスまで油田を見に行ったともいわれている。

そうやって、アメリカの国情と実力を知っていたからこそ、干戈《かんか》を交えることに最後まで反対していたが、もろもろの事情から日米開戦が不可避となった時、軍令部のだれもが無謀と反対した真珠湾攻撃を不退転の意志をもって強力に主張した。奇襲によって完膚なきまでに太平洋艦隊の主力を撃滅し、出鼻をくじきアメリカ国民の戦意喪失を狙った。山本のこんな手紙が残されている。

「種々考慮の上、結局開戦劈頭《へきとう》有力なる航空兵力をもって敵本営に斬込み、彼をして物心共に当分、起ち難《がた》きまでの痛撃を加うるの外なしと考うるに立ち至り候次第に御座候」

真珠湾攻撃によるアメリカ側の被害は、戦艦四隻の撃沈、戦艦四隻と巡洋艦四隻、航空機一八八機の撃破、四飛行場の破壊で、戦死者は二四〇〇人に上った。日本側の損害は二九機の航空機と五五人のパイロット、五隻の特殊潜航艇のみだった。世界海戦史上、最大の戦果といえる。この成功によって日本は太平洋の制海権を完全に掌中に収めたのである。

ただ、日本軍が大戦果を上げることができたのにはアメリカ側の事情もあった。日本軍による真珠湾攻撃の可能性について、アメリカでは多くの専門家がすでに指摘していた。ジョセフ・グルー駐日大使も、攻撃の直前、「日本海軍がハワイを奇襲する」という噂が東京じゅうに流布しているという事実を本国に報告している。

ところが、受け取ったアメリカ海軍情報部は「現実性のあるものとは思えない」というコメント付きで上層部へ伝えていた。それどころか、ホノルルの日本総領事が真珠湾攻撃に関連して東京に伝えた電報も一部解読していた。それでもなお、彼らの脳裡においては、日本人による真珠湾攻撃はありえないものだった。作戦自体が想定外の破天荒なものだったうえに、「そこまではできまい」と日本人を軽侮していた面もあっただろう。

真珠湾攻撃は大東亜戦争における日本軍の数少ない成功例の一つだ。その後の日本軍は数少ない例外を除き、アメリカ軍に連戦連敗を喫した。その原因としては、戦略やリーダーシップの欠如、非合理的思考、陸海軍の非協力など、さまざまな要因が考えられるが、何よりも致命的な瑕《か》疵《し》は、緒戦の勝利に甘んじ無敵艦隊と称し驕慢《きょうまん》に陥り、作戦・戦闘の軌跡を謙虚かつ真摯に反省し学習するという知的な努力を怠ったことにある。日本軍はアメリカ軍に「知的に敗れた」。

たとえば、真珠湾攻撃は空母と艦載機を使った大胆極まる戦法であり、自国の近海で敵艦隊を叩く大艦巨砲主義が主流だった当時としては、まさに画期的イノベーションといってよい。ところが、このアイデアを取り入れ自家薬籠中のものとしたのは、実はアメリカ軍だった。すなわち、太平洋艦隊司令長官のチェスター・W・ニミッツは、山本のアイデアを概念化し、特定の任務遂行を目的として、空母を中核として巡洋艦、駆逐艦などで編成されるタスクフォース（高速空母機動部隊）部隊を創設している。それが後に、陸・海・空の戦力を統合し、海兵隊を尖兵とした水陸両用作戦を敢行する新たなタスクフォースにつながっていく。

それに対して、日本軍はまったくの無策だった。海軍には陸戦隊があったが、海兵隊のように独立戦闘能力がある組織ではなく、その地位も役割も低かった。陸海空一体の統合部隊の運用など望むべくもなかった。それどころか、空母の価値に本格的に気づいたのもミッドウェー海戦で大敗し、四隻の主力空母を沈められた後だった。

日本は〈零戦〉〈大和〉〈武蔵〉といった既存の兵器体系の精緻化には努めたが、それらを組み合わせてどう戦うか、という発想を生み出すことができなかった。

新たな知を紡ぐには、さまざまな情報を幅広く集めながら、それらの背後にある文脈を理解し、適切な取捨選択を行わなければならない。そのうえで、何かと何かを組み合わせ、新しい概念をつくり出し、さらに、その概念を形にして実際に使えるかどうかを試してみることが重要だ。

こうした一連の知の作法が日本軍においては欠落していた。連合国軍と比べ、物事を見聞きし、判断し、新しいものをつくり出す能力に劣っていた。「新たな知を希求する組織」という面では軍隊も企業も同じである。本稿では、日本軍の戦いを知的能力という観点から読み解き、現代の企業経営にも参考となる教訓を探ってみたい。

蔣介石軟禁、そして釈放の意味は何だったか

西安事件が起こったのは昭和一一年（一九三六）一二月一二日だった。当時、中国では蔣介石《しょうかいせき》

率いる国民政府軍と、毛沢東を領袖にいただく共産党軍が争いを繰り広げていた。

共産党の指導部は、このまま内戦を続けていたのでは日本を利するだけであり、むしろ抗日統一戦線を結成し、国共が一致して日本軍に当たるべきだと考え、国民政府軍の隷下にあった東北軍閥の領袖、張学良《ちょうがくりょう》をそそのかし、張もそれに賛成し、共産党軍との戦いをのらりくらりと避け始めた。それに怒って、西安に駐屯していた張学良の元にやって来た蔣介石を張が逆に捕らえ、軟禁してしまったのだ。

これを知った共産党指導者の毛沢東はすぐに蔣介石を銃殺しようとしたが、モスクワのコミンテルン中枢にいたヨシフ・スターリンから横槍が入り、蔣介石の救出を共産党に命じた。すぐ周恩来が西安に赴き、蔣介石を本拠地の南京に無事連れ戻した。これがきっかけとなって国民政府と共産党が手を結び、翌年の盧溝橋《ろこうきょう》事件を経て、第二次国共合作につながっていく。

この事件は当時の同盟通信社上海支局長だった松本重治が最初にスクープし、全世界に発信されていた。日本陸軍の特務機関も断片的な情報収集を行っていたが、一軍閥の頭領が起こした下克上事件という認識であり、事の重大性を陸軍は的確かつ深刻に理解していなかった。ましてやその裏で糸を引いているのがソ連であり、抗日統一戦線を構築させることで、自国の東部領において目の上のコブであった日本陸軍を、中国大陸の泥沼に踏み込ませ疲弊させる戦略でもあったことに毛ほども気づいていなかったのである。

日本軍は、張学良による蔣介石の軟禁という事実のみに頭を奪われた。それを引き起こしたのが共産党であり、その背景には抗日統一戦線の意思があり、さらにその向こうにいるコミンテルンの存在にはまったく気づいていなかった。

物事の背後にある、そうした関係性に気づいていれば、盧溝橋事件は偶発的な発砲事件ではなく、慎重かつ賢明な対応策が模索されたはずである。だが、勇ましい掛け声で愚かにも泥沼に足を突っ込み、抜き差しならぬ支那事変の陥穽《かんせい》に引きずり込まれたのである。

アルフレッド・ノース・ホワイトヘッドというイギリスの哲学者は、世界とは連関したプロセスそのものであり、常に動き続けるイベントの連続体であるととらえた。目を向けるべきはモノ(substance)ではなく、コト(event)の生成消滅するプロセスにあるというわけである。

たとえば、リンゴが木から落ちたとする。凡人はその現象のみにしか着目しないが、アイザック・ニュートンは違った。「この世のあらゆる物体は互いに引っ張り合っている。地球とリンゴもそうで、地球のその力に負けてリンゴは落ちたのだ」と考え、万有引力の法則を導き出した。リンゴの落下はモノであり現象でしかなく、万有引力こそがコトであり本質なのだ。

最近のビジネスの例では、PCを単体で販売しようとした日本企業はまさにモノ的思考の虜囚だった。それに対して、PC導入によるさまざまな問題解決の提供を「ソリューション」と名づけ、コト的思考で勝利を収めたのがIBMである。

日本軍は「蔣介石の軟禁」というモノに目を奪われ、その後に続く「抗日統一戦線」、そして「国共合作」というコトに思いが至らなかったのである。

『資本論』を著したカール・マルクスは、商品を市場で取引される単なるモノととらえず、使用価値と交換価値から成るコトとしてとらえた。カギを握るのが人間の労働である。彼はそこからさらに進んで、商品とは資本家が余剰利潤を労働者から搾取する社会的関係性そのものである、と考えた。

『資本論』はこの商品に関する分析から始まる。マルクスは資本主義の矛盾がそこにあると考えたからだ。マルクス経済学の旗印はだいぶ悪くなっているが、商品をコトとしてとらえた彼の分析は一時、世界を変えるほどの影響力を発揮したのはご承知の通りである。

二〇一一年一〇月五日に亡くなったアップルの創業者、スティーブ・ジョブズは「〈ｉＰｏｄ〉は音楽を聴くためのツールではない。自分の好きな音楽をダウンロードして自己編集できるまったく新しいツールなのだ」と説いた。〈ｉＰｏｄ〉をモノとして見れば携帯型音楽プレーヤーであり、特に傑出した技術が組み込まれているわけではない。しかし、本体のハード、音楽管理ソフト、それに音楽配信サービスの三つが組み合わさると新しい価値が生まれる。あらゆるミュージシャンの曲をネットワークから購入し、自分のハードで好きなように編集していつでも取り出して聴ける、という新しいコトを実現させたのである。〈ｉＰｏｄ〉ユーザーはそのコトに魅了されたのだ。

都合の悪い事実には頬かむり

次はもっと初歩的なミスである。ドイツとの同盟（日独伊三国同盟）を樹立する際、日本は現実を直視できないという愚を犯した。昭和一四年（一九三九）一月、平沼騏一郎《きいちろう》内閣が発足する直前、アドルフ・ヒトラー率いるナチス・ドイツから三国同盟が提案され、外交の大きな懸案事項となっていた。陸軍はこれに賛成した。ヨーロッパにおけるドイツの猛烈な力を利用し、ソ連に対する戦略を優位に導こうとしたのだ。

これに対して海軍の少数派が反対した。ドイツとイタリアとの同盟樹立はアメリカやイギリスとの仲を険悪にさせる亡国の道だ、というのが理由だった。これに関しては喧々囂々《けんけんごうごう》の議論が起き、なかなか結論が出なかった。

しばらくして驚愕のニュースが入ってきた。独ソ不可侵条約の締結である。対ソ連を見据えた戦略を有利にするためにドイツとの同盟の是非を議論している最中、ヒトラーとスターリンが手を結んだわけである。これによって「欧州の天地は複雑怪奇」という迷言を残し、平沼首相は辞職せざるをえなくなった。同年八月のことである。

当時の資料を調べると、ドイツとソ連の接近をうかがわせる多数の情報が陸軍や海軍、外務省に上がっている。ところが不可侵条約の可能性に言及しているものはないところを見ると、真剣に事態を検討しようとしなかったのだろう。せっかく手にした情報をモノとして見、他との関係性も考慮しながら、コトとしてとらえることができなかった愚がここでも見られる。

さらに時代の歯車は回る。九月一日、ドイツ軍がポーランド国境を越えて進撃を始めた。第二次世界大戦の勃発である。ポーランドはなす術もなく降伏し、その領土はドイツとソ連の間で分割された。翌年、ドイツはノルウェーを急襲、さらにデンマークを占領すると、西部戦線に矛先を変え、オランダ、ベルギーと戦い、いずれも降伏させた。六月一四日にはパリを無血占領し、二二日にはフランスも降伏、ついにドイツがヨーロッパ大陸の覇者となった。

この間、首相は阿部信行、米内光政《よないみつまさ》と変わり、昭和一五年（一九四〇）七月に就任したのが三国同盟に賛成する近衛文麿《このえふみまろ》だった。外務大臣に就任したのがこれまた反英米派で三国同盟推進派の松岡洋右《ようすけ》だった。この二人が世論を大きく三国同盟に傾かせた。残る壁は海軍であった。

その間もドイツの破竹の進撃は止まらない。無傷なのはイギリスだけだが、そのイギリスも同年七月から始まったドイツ空軍による空爆に連日さらされていた。明日にも、ドイツ軍によるイギリス本土上陸作戦が始まるように思えたことは想像にかたくない。

しかも、その年の一月、日米通商航海条約をアメリカが完全廃棄し、くず鉄や石油などの対日輸出を許可制とした。これは海軍にとって衝撃的な出来事だった。石油がなければ軍艦を動かすことができないからである。三国同盟に反対していた一部の幹部も対米戦争必至という方向へ折れていき、結局、海軍も三国同盟に賛成ということになった。九月一五日のことである。

この日は実はバトル・オブ・ブリテン記念日とイギリスでは呼ばれる。同年七月一〇日から始まったドイツ空軍による爆撃に対してイギリス軍も負けてはいなかった。レーダーによって敵の空襲を察知し高射砲で撃破する一方、敵の誘いに乗らず戦力を節約しながら、敵を引きつけ、容赦なく戦闘機で迎撃する戦法を繰り返した。背後には、ウィンストン・チャーチル首相のリーダーシップが遺憾なく発揮されていた。

そうしたやり方がまさに功を奏したのが、九月一五日にロンドン上空で行われた戦いだったのである。この日の損害はイギリス二六機に対して、ドイツは六〇機以上と完全に形勢は逆転した。この日、イギリス本土の制空権の獲得は永遠に不可能とドイツ軍は悟ったのだった。

このバトル・オブ・ブリテンにおけるドイツの苦境は、ロンドンの日本大使館付武官から正確な情報が日本にもたらされていた。だが大本営の統帥《とうすい》関係者たちは「ドイツ強し」という先入観を改めず、同盟樹立へひたすら向かっていった。バトル・オブ・ブリテンの現実を無視した妄想にとらわれていたのだ。三国同盟樹立がどんな悲劇につながったか、歴史が示す通りである。

既存の現実をいったん閑却し、あらためて、虚心坦懐にありのままの直観を働かせる。現象学でエポケーと呼ぶが、これが決定的に欠けていた。

ハワイ・ワイキキビーチのすぐ近くにアメリカ陸軍博物館があり、その前庭に、日本軍の〈九五式軽戦車〉とアメリカ軍の〈M24チャーフィー軽戦車〉が並べて展示されている。後者のほうが桁違いに大きく、だれが見ても日本軍はアメリカ軍に勝てるわけがないと思うはずだ。

作家の司馬遼太郎は日本陸軍の戦車兵だったが、ある時、ヤスリで戦車の砲塔を削ってみたところ、予想に反して、楽々削れることにびっくりしたという。それなりの厚さがあったものの、材質が装甲用の特殊鋼ではなくただの鉄だったのである。司馬いわく、アメリカ軍に比べ日本軍の戦車が武装と防御面でいかに貧弱か、たいていの戦車兵は理解していたが、「こんな戦車で戦えるか」と口にする者は一人もいなかった。(注1)三国同盟を推し進めた将校のみならず、現場の兵士たちもリアリズム思考に欠け、都合の悪い現実を直視できなくなっていたのだろうか。

一方、現代にはそうした「不都合な真実」の直視がなかったら生まれなかった商品がある。平成二〇年(二〇〇八)後半から人気に火がついたサントリーの〈角ハイボール〉だ。ウイスキーをソーダで割った特に目新しい商品ではないが、巧みな戦略でみごと復活を遂げた。

そもそも国内のウイスキー市場は昭和五八年(一九八三)を境に縮小の一途をたどっていた。ウイスキーはサントリーの看板商品である。売上げ挽回のため、担当部門は打てるだけの手を打っていた。ウイスキーの価値は熟成感であり、その価値が消費者にうまく伝わっていないことに問題がある。当時の担当者はそう考えていた。

ところが営業から来た新しい担当者は先入観にとらわれず、消費者調査をゼロから実施した。その結果、古臭い、おじさんの酒、度数が高く飲みにくい……自分たちが打ち出したいイメージとはまるで正反対の結果だった。

もう一つの問題も露わになった。「飲む場」がないことだった。ウイスキーは二軒目のバーやスナックで飲まれる酒だが、いまの若い人は一軒目ですぐに帰ってしまうからだ。
ある時、「〈角ハイボール〉に鉄板焼きを組み合わせて成功している店がある」という情報が営業から入り、担当者が出かけてみると、ビールや酎ハイではなく、まさしく〈角ハイボール〉を飲みながら鉄板焼きをつつく客で混雑していた。担当者は決心した。ウイスキーを「落ち着いた雰囲気で熟成感を楽しむ二軒目の酒」から「食事をしながら仲間と気軽に楽しむ一軒目の酒」に変えよう。そのために、〈角ハイボール〉に賭けよう、と。
そして、アルコール度を下げ、レモン果汁を加えた飲み方を料飲店を通して大々的に提案したところ、みごと当たった。ウイスキー人気も回復し、他社も次々に追随している。サントリーのハイボール商品は中国や台湾にも輸出されている。(注2)
人間は万物についての真実を知ることはできない。組織にとって都合の悪い真実は頬かむりしたくなるのが人間だ。だが、それでは新たな知は生まれない。あらゆる場面で、なぜを五回問うトヨタのように、絶対の真実があると信じて、何度も執拗に問いを発し、試行錯誤を続けられる組織が最後には勝つ。

社会から遊離した知的貧困組織

先ほど、真珠湾攻撃は先の対米戦争における日本軍の数少ない成功例の一つだと書いたが、急いでつけ加えておかねばならない。真珠湾攻撃は軍事面での戦術的な成功例だったが、政治・外交面では戦略的な失敗例であった。

それには二つの理由がある。一つは攻撃の三〇分前に、ワシントンのアメリカ政府に宣戦布告の最後通牒が手渡されるという手順が在米日本大使館の不手際で狂い、結果的に手渡されたのは攻撃が始まった一時間後だったことだ。その背景には暗号文を解読する大使館員のミスがあったことや、そもそも日本側の発信が遅れた、陸軍がわざと遅らせた、という説もあるぐらいだ。日本からの暗号をすでにアメリカ側は解読しており、フランクリン・D・ルーズベルト大統領は日本が戦端をみずから開くことをわかっていたという説もある。

だが結果的に、日本の海軍機が魚雷や爆弾をアメリカの艦船に雨あられと浴びせ始めた一時間後に、正式に最後通牒が手渡されたのは紛れもない事実なのである。

ルーズベルトはこの機会を実にうまく利用した。「日本は謀計によりアメリカを騙し討ちした」と議会で演説し、圧倒的多数の賛成により対日宣戦布告が決まった。リメンバー・パールハーバーというわけである。アメリカ国民を本気にさせ、怒りと反感をもって対日戦争に立ち上がらせてしまったのだ。

もう一つは、それより以前の時期における、アメリカ本土での親日世論喚起の不徹底だった。アメリカが民主主義国家であり、世論が決め手の社会であることをよく理解していれば、アメリカ国民の間における親日世論の喚起にもっと注力できただろう。それが成功していれば、アメリカとの戦争はもしかしたら避けられたのかもしれない。その点、昭和一七年（一九四二）から翌年にかけ、蔣介石夫人の宋美麗《そうびれい》がアメリカに渡って連邦議会などで抗日戦への賛同を呼びかける演説を行い、多額の援助を引き出したのとはまったく対照的だった。

こうした事情の背景にあるのは、日本軍全体で社会から孤立していたということだ。一方、アメリカやイギリスは特殊技能者および知的労働者には軍の抱える問題を提示し、それに対する解決手法を研究させていた。軍の中枢に、法律家や研究者など、多種多様な人たちを配していた。民間人を一時的に抜擢し、用向きが済んだら元に戻すという一時的昇進人事が陸海空でごく普通に行われていた。

またアメリカの場合、戦時情報局や軍の諜報部門を中心に、軍事作戦や戦後の占領政策立案のため、アカデミズムの俊英が大いに動員されていた。その一人が日本人論『菊と刀』(注3)を著したルース・ベネディクトだった。

イギリスはもっと徹底していた。ドイツ海軍の潜水艦〈Uボート〉による輸送船の被害に悩まされていたイギリス国防省は、大学の数理工学グループなどにこの問題の解決を依頼した。半年後、一定規模の船団を組み、天候や月齢を考慮して出発すれば損害を大幅に減らすことができるという回答を得て、実行したところ、その通りの成果が得られた。この考え方は後にオペレーションズ・リサーチと呼ばれ、企業経営に取り入れられていく。こうした軍事上の課題を民間に提示し解決策を仰ぐというやり方は、日本では考えられなかった。

日本軍内部での人材登用も基本は年功序列で、抜擢はほとんどなかった。海軍の昇進人事は海軍兵学校の卒業席次（ハンモック・ナンバー）が人事管理に大きく影響した。陸軍でも陸軍大学校卒業徽章《きしょう》（俗にいう天保銭《てんぽうせん》）が最後までついて回った。さらに軍人教育機関で教えられた内容も非常に偏っており、哲学、文学、芸術、自然科学といったリベラル・アーツは皆無だった。英米との戦争も予想されるというのに、陸軍大学校では英語も教えられていなかった。

私はリベラル・アーツのなかでも、特に知についての最も基本的な学問である哲学の素養が社会のリーダーには不可欠だと考えている。哲学は「どうあるか」という存在論と、「どう知るか」という認識論で構成され、その両面から、真・善・美について徹底的に考え抜く。それによって、モノではなくコトでとらえる大局観、物事の背後にある関係性を見抜く力、多面的な観察力が養えるのだ。東洋にも『論語』などの哲学があるが、どうしても道徳論になりがちで、知の飽くなき探究という意味では真善美を追究する西洋哲学には及ばない。

歴史や文学に関する素養も欠かせない。たとえば、チャーチルは先のバトル・オブ・ブリテンの際、ドイツのイギリス本土侵攻について側近に語り続けていたが、その内容は目前のドイツによるものではなく、九〇〇年近くも前のノルマン人のイングランド島侵攻についてだったというのである。こうした歴史についての深い理解が、戦時指導者としての水際立った活躍を可能にしたのだろう。チャーチルはまた著作家でもあり、のちにノーベル文学賞を取ったほどの人物だ。演説も巧みで、人々を鼓舞するレトリックの才にも長《た》けていた。

人々をその気にさせたり、新しい概念を腹に落としたりするのに必要なのがメタファー（隠喩）やアナロジー（類推）である。場をなごませ、気分を一新させる場合、ジョークやユーモアも必要だ。いざという時、こうした知の潤滑油を使うことができるかどうか。場数を踏むことも大切だが、さらにリベラル・アーツの力がどうしても必要だ。

アリストテレスが提唱したフロネシス（賢慮）という概念がある。そもそも、アリストテレスは知を五つに分類した。直観的に原理を把握するヌース（知性）、真理を見極めるソフィア（智慧）、客観的知識としてのエピステーメ、物をつくり出す実践的知識としてのテクネ、そして、豊かな思慮分別を持ち、一刻ごとに変わるそのつどの文脈に応じた最適な判断や行為を行うことを可能にする実践的知恵としてのフロネシスである（図表1「アリストテレスの五つの知」を参照）。

フロネシスはエピステーメとテクネの双方を統合した概念と考えていただきたい。それは現場知とは同義ではない。体は現場にありながら頭は現場だけにとらわれない。そのさじ加減が大切なのである。その際に力を発揮するのがリベラル・アーツなのである。

そのフロネシスを備えたリーダーを、私はフロネティック・リーダーと名づけた。そうしたリーダーは、以下六つの能力を備えている。

①「善い」目的をつくる能力
②場をタイムリーにつくる能力

図表1◉アリストテレスの5つの知

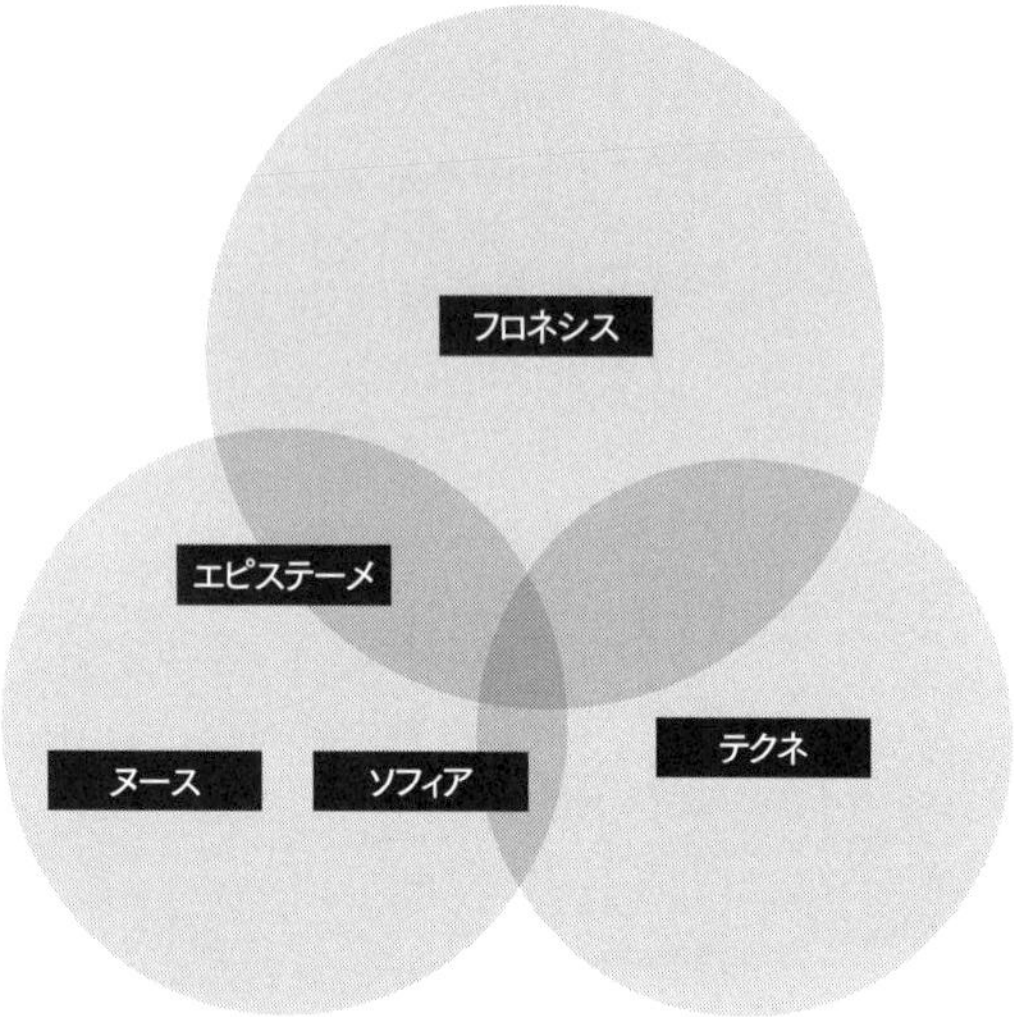

③ありのままの現実を直観する能力
④直観の本質を概念化する能力
⑤概念を実現する政治力
⑥実践知を組織化する能力

チャーチルこそ、その典型といっていいだろう。彼は民主主義という公共善を守るため、対ドイツ戦を断固決意し（①）、国民から「見える首相」であることに気を配り、共感のための場づくりに長けていた（②）。頻繁に現場に足を運んでは軍司令官と対話し（③）、歴史という大きな物語に自分を位置づけることをけっして怠らず（④）、みずから国防相を兼務しつつ、たえず現場との対話を重ね（⑤）、人材抜擢にも余念がなかった（⑥）。

一方、大東亜戦争開戦時の首相にして陸

軍大臣、後に参謀総長にまでなった東條英機はどうだったか。頭脳は優秀だったかもしれないが、チャーチルのように、物事の背後にある関係性を読むとか、レトレックを駆使して人々を鼓舞する才能は持ち合わせていなかった。几帳面な性格で、陸軍大臣の執務室から参謀総長のそれに移る場合、必ず参謀肩章をつけてから行くのが常だったという。戦時のリーダーとしては器が小さすぎたのかもしれない。

戦いの目的共有が不十分で完敗

次に取り上げるのは、真珠湾攻撃から半年を経た昭和一七年（一九四二）六月五日に起こったミッドウェー海戦である。

戦闘は日の出から日没にわたる十数時間のものだったが、日本軍は四隻の主力空母、一隻の巡洋艦、約三〇〇の航空機を失う大敗北を喫した。対するアメリカ側の被害は一隻の空母、一隻の駆逐艦、一四七機の航空機のみだった。

最大の敗因は何か。それは、連合艦隊司令長官の山本五十六大将と、第一機動艦隊司令長官の南雲忠一《なぐもちゅういち》中将との間で、作戦目的が共有されていないことだった。

山本が考えたこの作戦の狙いは、真珠湾攻撃で撃ち漏らした敵の太平洋艦隊の空母を根こそぎ撃沈させることだった。ミッドウェーの占領そのものは目的ではなく、それによって空母を誘い出し、そこに航空決戦を仕掛けようとするものであった。

しかし、こうした意図が南雲にうまく伝わっていなかった。作戦目的はミッドウェー攻略にあり、アメリカ軍の機動部隊が出てくることがあってもその後だ、という根拠のない認識を南雲は持ってしまっていた。目的の主従が両者の間でまるで入れ替わってしまったのである。このことが南雲艦隊のアメリカ機動部隊に対する索敵活動を不十分ならしめ、しかも情報処理もずさんであったため、みずからの艦隊を敵の攻撃圏内に間違って進め、猛攻を食らってしまったのだ。

この責は山本が負うべきだろう。もともと人と交わることが得意なタイプではなかったようだが、こんな大切な戦いで部下に作戦目的をしっかり伝えることができなかったことは、リーダーとして致命的な失敗である。

その点、アメリカ太平洋艦隊司令長官だったニミッツは違った。ハワイを訪問した際、部下のレイモンド・A・スプルーアンスと同じ家に住み、ワイキキの海岸で泳ぎながら何日も起居をともにしたそうだ。

こうした日常の振る舞いがスプルーアンスにとっては、徒弟的な場の共有でもあった。ニミッツの考えを暗黙知レベルで共有していたから、ミッドウェー海戦が始まる直前、病のウィリアム・F・ハルゼー提督に代わって空母二隻を主力とする第一六任務部隊司令官に抜擢されても、抜群の働きをすることができたのだろう。

ニミッツもその一人だろうが、フロネティック・リーダーは日本より明らかにイギリスやアメリカのほうが数が多かったとしか思えない。アメリカ人でもう一人、海兵隊幕僚だったアール・H・エリス少佐を挙げたい。(注4)

エリスは大東亜戦争が始まる二〇年ほど前に、太平洋方面における戦争が日本軍の急襲によって始まることを予言し、アメリカ軍は日本の前進基地を奪取しながら太平洋を北上して日本本土を叩くべきだ、と主張していた。その作戦を実行するために「水陸両用作戦」という新たな概念を提唱し、海兵隊がその任に当たるべきだ、としたのである。これも一種のタスクフォースであり、アメリカ軍が編み出した組織的イノベーションといえる。

悪しき演繹主義と回らなかった知のループ

その作戦がまさに当たったのが昭和一七年(一九四二)八月八日から始まった、ソロモン諸島の一つ、ガダルカナル島での戦いだった。

そこでは約五カ月の間に、日本側は艦艇二四隻、航空機八九三機が撃墜され、搭乗員二三六四人が戦死した。陸軍が投入した兵士三万二〇〇〇人のうち、戦死約一万二五九九人、戦病死約六〇〇人、行方不明二五〇〇人、そのほとんどが餓死だった。アメリカ側は六万人のうち、戦死者一〇〇〇人、負傷者は四二四五人、餓死した兵士は一人もいなかった。

敗因は、海陸分断思考と、海兵隊を生み出すような戦略的グランド・デザインの欠如にある。

アメリカ軍は「ガダルカナル島攻撃は日本本土侵攻の一里塚だ」という認識だったが、日本陸軍の頭のなかは、自分たちの戦場はあくまで極東ソ連およびインド・中国大陸だ、という認識で凝り固まっていた。ガダルカナル島の存在を知らない軍人も陸軍中枢にいた。太平洋は海軍担当だから自分たちは知らなくてよい、という意識だろう。

アメリカ軍に対する関心はきわめて希薄であり、海兵隊が中心となって水陸両用作戦を展開し、太平洋の正面から本土に向かってくる危険性など夢想だにしていなかった。

一方、帝国海軍の第一目標は、アメリカ主力艦隊の撃滅にあった。ガダルカナル島は航空基地建設用の島としてしか認識していなかった。陸軍同様、海兵隊による水陸両用作戦のこともまったく意識していなかった。陸軍と海軍が異なった戦略構想を描き、しかもそれがアメリカ軍の現状を無視した的外れなものだったため、陸海空を統合する作戦が考えられなかったのはもちろん、戦力の逐次投入という最も避けなければならない作戦が行われた結果、日本軍は大敗してしまったのである。

以後、タラワ、サイパン、テニヤン、グアム、ペリリューと、海兵隊を中核とする水陸両用作戦による奪還が続き、最後は沖縄に至るまでの計一九回、日本軍は海兵隊に大きな損害を与えることなく敗れ続けた。

試す人になろう

数少ない例外の一つが硫黄島である。守備隊を指揮した栗林忠道中将は、それまでの常道だった海岸で敵の上陸を迎え撃つ水際防御作戦を止め、長い地下壕を掘り、そこに隠れて敵を撃つ、という新たな作戦を編み出した。硫黄島は島の南側に擂鉢《すりばち》山が盛り上がっているだけの単調な地形の島である。谷もなければ、逃げ場になるような広い土地もない。山の頂上に登り、「このやり方でいくしかない」と栗林は考えたのだろう。(注5)

その結果、アメリカ軍が五日で落とせると豪語した戦いは、昭和二〇年(一九四五)二月一九日の上陸以来、三六日間も続き、日本軍の戦死者一万九九〇〇人、戦傷者一〇三三人、計二万九三三人、一方のアメリカ軍は戦死者六八二一人、戦傷者二万一八六五人、計二万八六八六人と、戦いには負けたものの、戦傷者の数はアメリカ軍が日本軍を上回ったのである。

栗林が編み出した地下壕作戦は、日本軍の数少ないイノベーションだったといえる。それまでの常識だった水際防御作戦では敵の進撃を食い止めることができないと、栗林は直観的に察したに違いない。ではどうするかと考え抜き、地下洞窟陣地を構築することを考えついた。現場とコンセプトの間をたえず行き来する。このフィードバック・ループを他の日本軍人はうまく回すことができなかった。日露戦争の成功体験から得た、海軍は艦隊決戦、陸軍は白兵銃剣突撃というコンセプトを墨守するのみだった。

日本の指揮官や作戦参謀の多くは生きた現実経験を抜きにして観念的な戦術論理に頼り、自分たちだけに通じる「観念的作戦」を現場に強要したのではないか。栗林の提案した地下洞窟陣地作戦も最初は海軍から大反対されたという。それは悪しき演繹主義といってもいい。現場からの健全な帰納がない。その結果、日本は負けた。

栗林は陸軍大学校を二番の成績で卒業した後、約五年間にわたり、アメリカ留学、ヨーロッパ視察、カナダ公使館勤務などで海外生活を送った。若い頃、陸軍機関誌『偕行社記事』に寄せた論文では、将校が「軍事以外の知識の著しく低級」であることを問題にしている。彼は日本軍に数少ないフロネティック・リーダーの一人だったのだろう。

イノベーションは、ある理論を前提とし、そこから論理分析的に正しい答えを引き出す演繹的思考では実現しない。完全競争状態の市場という理想郷を不完全状態に変えることで、企業は利潤を手にすることができるという考えをモデル化したのがマイケル・ポーターだが、そういうやり方では現実の延長線上にある戦略や革新ならぬ改善しか生まれない。

それに対して、個別具体の現実から出発し、新しいコンセプトや物事の見方を打ち立てようという強い思いから生まれる帰納的思考が、イノベーションには不可欠となる。帰納的思考は最後には必ず行動につながる。行動によってみずからの考えや判断の正否がわかるからだ。

本田宗一郎はまさにそういう人物だった。彼の口癖が「試す人になろう」であり、静岡県浜松市にある母校の敷地に石碑となって建っている。

「人生は見たり、聞いたり、試したりの三つの知恵でまとまっているが、多くの人は見たり聞いたりばかりで一番重要な『試したり』をほとんどしない。ありふれたことだが失敗と成功は裏腹になっている。みんな失敗を恐れるから成功のチャンスも少ない。やってみもせんで(注6)」

思えば栗林も「試す人」だった。

リーダーは現場のただなかで考え抜け

さて、私たちは日本軍の失敗から何を学ぶべきだろうか。

この稿では二つの成功例と四つの失敗例を挙げたが、成功例（真珠湾攻撃、硫黄島守備）に共通していたのは、リーダーみずからが現場を踏んでいることだ。現実を直視しなければ真理に近づくことはできない。かといって、現場に張りつき、リポーターよろしく物事を微細に観察するだけでは物事の本質はつかめない。

ありのままの現実に身を置きながら、見えない本質をいかに直観し、概念にするか。それを可能にするのが実践知であり、それを備えているのがフロネティック・リーダーである。そういうリーダーが日本軍のなかにはたして何人いたか。山本五十六も真珠湾の時が例外で、ほとんどは後方に陣取っていたから及第点はとてもつけられない。

失敗例から引き出す教訓としては、モノではなくコトでとらえる大局観（西安事件の評価）、不都合な真実に目をつぶらない知的誠実さ（日独伊三国同盟の樹立）、多様な知・多様な人材（真珠湾攻撃前の政治外交）、リーダー同士の目的の共有（ミッドウェー海戦）、新しいコトを生み出すイノベーション思考（ガダルカナル島の戦い）の重要性ということである。フロネティック・リーダーならよく理解していることばかりだろう。

円高、ユーロ危機と、国際経済の混乱が続き、国内も震災復興、財政再建と課題は山積みだ。いまの経営環境もあの戦争の時と同じといえなくもない。いまのリーダーに求められる役割は「想定外の現象への対応＝新環境への創造的適応」ではないだろうか。そのために、一人でも多くのフロネティック・リーダーがこの国に増えることを望む。

【注】

1）司馬遼太郎『司馬遼太郎が考えたこと6』（新潮社、二〇〇二年、文庫版は二〇〇五年）。

2）「成功の本質 ハイボール」『Works』Vol.106、二〇一一年。

3）Ruth Benedict, *The Chrysanthemum and the Sword: Patterns of Japanese Culture*, Houghton Mifflin, 1946.（邦訳の初版は社会思想社より一九四八年、文庫版は社会思想社より一九四八年、講談社より一九五〇年、光文社より二〇〇八年）。

4）野中郁次郎『アメリカ海兵隊』（中央公論社、一九九五年）。

5）小室直樹『硫黄島 栗林大将の教訓』（ワック、二〇〇七年）。

6）本田宗一郎『本田宗一郎一日一話』（ＰＨＰ研究所、一九八八年）。

Ⅱ◉組織とリーダーシップ

第3章

「攻撃は最大の防御」という錯誤

失敗の連鎖

なぜ帝国海軍は過ちを繰り返したのか

杉之尾宜生

真実解明の意義

大東亜戦争が日本の軍事的敗北に終わり、三五年を経過した昭和五五年（一九八〇）から一一年間、海軍軍令部OBが内密に集まって開戦に至る経緯を振り返った。(注1) 百数十回開催された極秘会合の内容は、四〇〇時間の録音テープ、豊田隈雄（最終階級は海軍大佐）による膨大な量の会議録に残された。これによって、戦争を経験しない世代は、帝国海軍の失敗から教訓を抽出することができる。

だが、彼ら海軍エリートは、なぜ、大東亜戦争遂行の間にこれを行い、教訓として活かすことができなかったのか。

失敗からいかに学ぶか――これは、軍隊に限った課題ではない。贈収賄や談合、粉飾決算、個人情報流出問題等々、いまなお企業不祥事が後を絶たないのは、組織が失敗の拡大再生産という負の連鎖に陥っているからだ。

ナポレオン戦争に従軍したプロイセンのカール・フォン・クラウゼヴィッツは『戦争論』(注2)において、「研究と観察、理論と経験は、相互にけっして排除し合ってはならない」と述べた。彼はその根源が「批判精神」にあると喝破し、時の権力と権威を恐れず真実のみを語ることの重要性を強調した。

これを忠実に実行するのがイスラエル国防軍戦史部である。かつて同部長に、イスラエル軍において戦史研究がどのような意味を持つのかを尋ねると、彼は「真実の解明なくしてイスラエルの生存はありえない」と強調した。

一九四八年、アラブ世界の中心に位置するパレスチナの地に建国されたユダヤ人国家イスラエルは、雪辱を期すアラブ人が支配する周辺諸国から、常に生存圏を脅かされてきた。そのうえ地勢的な縦深性を欠く軍事的脆弱性を抱えるため、軍事的安全性の確保こそが国家存立の第一義的条件であった。

それには、情報戦を制する必要がある。イスラエルは一九七三年の第四次中東戦争でエジプト、シリアからの奇襲攻撃を被る手痛い戦略情報上の失敗を経験したことで、二度と失敗を繰り返さないための国家情報システムをつくり上げた。それを可能にしたのが直近の戦史研究であり、なかでも力点を置いたのが組織の戦略的失敗からの学習である。

イスラエル国防軍の戦史の活用で特筆すべきは、戦史(個々の戦争、武力戦、作戦、戦闘)の「調査研究」と、そこからの「教訓の抽出活用、教令の策定」とを峻別分離していることである(日本においてはこれらを防衛研究所戦史研究センターが所掌している)。

イスラエルでは国防軍参謀本部作戦局に戦史部が設けられ、「特殊個別的な因果関係の解明」を目標に、個々の戦史の調査研究を行う。その成果からの「教訓の抽出」について戦史部はいっさい関与せず、同じく作戦局の隷下にある軍事教義部(Military Doctrine Division)がこれを担当し、抽出した教訓に基づきただちに教令を作成して隷下部隊に迅速に普及徹底する。このように、役割分担が明確にされているのである。

戦史部長によれば、戦史研究官に教訓抽出まで求めると、調査研究段階で教訓抽出主義の弊に陥りやすくなるため、彼らには事実と事実の因果関係の徹底した究明に専心させるべきだという。そこで、「戦史の調査研究業務において最も留意していること」を尋ねたところ、それは「アカデミック・フリーダム」であり、これを確保するには第一次史料の収集整理が最も重要だという。

事実、戦史部では、計画・命令・指示・報告・通報等の文書類のみならず、要職にある者の固定電話・無線電話・電信等も平時からすべて録音し、一元的に管理する。また三、四名一組でビデオ録画機、録音機等を装備した戦況収集班を相当数（大半は予備役将校）準備し、緊急事態発生と同時に現場に投入、あるいは作戦会議に陪席させるなど万全の史資料収集体制を整備している。古来「戦場において最も失われやすいものは、真実である」という箴言《しんげん》に見るように、第一次史料の収集こそは戦史の調査研究の基盤なのである。

国家次元の戦略的意思決定過程における史資料収集は、機密保護の関連から困難を極めるが、これについてイスラエル国防軍戦史部長には、法的な権限が付与されていることは特筆するに値する。

イスラエルでは、失敗体験こそを国家的な知的資源の源泉にすることを意図して、一九六八年、国家調査委員会法が制定された。国家的危機対応に問題が発生すれば、同法に基づく調査委員会が設置される。人口に膾炙した事例としては、一九七三年一〇月にエジプト、シリア両国からの奇襲攻撃にさらされたイスラエル国防軍の失態について、戦争終結後ただちに最高裁判所長官シモン・アグラナトを委員長とする調査委員会が厳しい報告書を政府に提出し、国防軍、情報機関等の責任者は解任され大改革が敢行された。

日本では、軍事に限らず組織の失敗において、真実の解明が難しい。二〇一一年三月に発生した東日本大震災後の政府や東京電力の組織的対応を見る限り、不透明な意思決定、不明瞭な情報公開、非常時とは思えない対応の遅さ、また、中央と現場との葛藤など、「不都合な真実」を組織ぐるみで隠蔽する体質が透けて見える。

こうした日本の現状に対し、イスラエル国防軍戦史部長ならば、戦史研究を行えば、帝国海軍の犯した失敗の本質が明らかとなり、そこから今日の教訓を抽出できるはずだ、と言うに違いない。そこで、本稿では、帝国海軍の戦略的・作戦的な失敗から現代に活かす教訓を抽出するため、以下三点に絞って回顧してみよう。

戦争イコール武力戦という誤解

日本は、世界秩序のなかでのどのような地位を占め責務を果たすべきかという未来像を描くことなく大東亜戦争に突入した。本来、グランド・ストラテジー（国家戦略、戦争目的）を明確にしたうえで、軍事戦略が構築される。軍事戦略に基づく武力戦は戦争の一部分にすぎない。むしろ非武力戦の分野の質と量が、彼我の優劣を決するのであるが、戦前戦後を通じて、多くの日本人が戦争における全体と部分の関係を理解していない。

シーレーン防衛の誤解

島国日本にとって、資源供給のためのシーレーン（海上交通連絡線）を確保することが死活問題であることは小学生でも知っていた。だが、帝国海軍は大艦巨砲主義に基づく艦隊決戦に固執し、「攻撃は最大の防御」という誤った軍事教義に基づく海軍戦略によりシーレーンを寸断破壊され、日本経済はジリ貧からドカ貧に陥って経済的に破綻した。その原因は、第一次世界大戦における海戦の戦史的な教訓を真っ当に学習しなかったからである。

科学技術に対する先見性の欠如

大東亜戦争開戦時、日本の科学者たちは世界最先端の成果を上げ、軍事科学技術の質的戦力は欧米に勝るとも劣らないレベルにあった。しかし、日本の政・官・軍の指導者は、先端技術の軍事分野における可能性・有効性と科学者の提言に背を向け、貴重な高質の人的資源を組織的に有効活用しようとする視座を持ち合わせていなかった。欧米各国の最高政治指導者たちが、リーダーシップを発揮して戦争勃発以前の早くから国家戦略の下に科学者や技術者を組織化し、戦争目的達成のため一元管理したのとは対照的である。科学技術の実用化はリーダーの視野と見識、そして決断にかかっている。

［海軍の錯誤1］戦争イコール武力戦という誤解

戦後、日本の敗北原因が挙げられたなかで最も多かったものは、総合国力で二五倍のアメリカとの物的戦力の圧倒的な格差、特に科学技術能力の格差の二点である。しかし、この認識は、事実ではあるが真実ではない。

大東亜戦争敗北後の昭和二〇年（一九四五）九月、占領軍の科学情報調査団長を務めた物理学者でマサチューセッツ工科大学学長のカール・テイラー・コンプトン博士は、日本軍の敗因を分析した報告書（通称コンプトン・レポート（注3））のなかで、日本には、戦争目的を達成するために限られたヒト・モノ・カネなどの諸資源と持てる科学技術を組織的に活用する発想がなかったことを指摘している。戦争における戦略的努力、つまり、社会科学的な対応においてわが国は敗れたということだ。

そこで、海軍の過ちを見る前に、戦略とは何かを明確にしておきたい。

ヨーロッパにおいて、戦略という概念が論じられるようになるのは、クラウゼヴィッツとアントワーヌ＝アンヌ・ジョミニ（注4）が、戦略、戦術についての概念を規定してからのことである。当初は「将軍の仕事で、戦闘の使用の仕方」を戦略と称し、「戦場における戦闘力の使用の仕方」を意味する戦術と区分して用いていたようである。

二〇世紀に至り、二つの世界大戦を経て、「将軍の仕事」と考えられていた戦略の内容は拡張した。第一次世界大戦時のフランス首相ジョルジュ・クレマンソーの「戦争、それは軍人たちに任せておくには、あまりに重大である」という言葉に象徴されるように、戦略は、より高次の「国家全体の運命を決する政治家の仕事である」という認識に変化した。

帝国海軍の戦略・戦術は、日本古来の兵学を踏襲し、さらに日露戦争において作戦参謀として名を馳せた秋山真之《さねゆき》らによって体系づけられた。だが、その概念は、きわめて狭義であった。

そもそも日本には、欧米やソ連のように、戦争において国家が一枚岩のトータル・システムとして機能するための「最高戦争指導機構」が存在しなかった。明治憲法に淵源する「国務（政治）と統帥《とうすい》（軍事）の分離」を原則としたためである。大本営政府連絡会議は文字通り統帥部と政府との協議連絡機関であり、イギリスの戦略思想家バジル・リデル＝ハート(注5)が強調した国家戦略を策定するような機能は持ち合わせていなかった。

そのうえ、軍事戦略を担当すべき最高統帥部は、大本営とは称するものの、実質的には参謀本部（陸軍）と軍令部（海軍）が別個に機能していた。特に海軍においては、上位の軍令部が下位の連合艦隊司令部に対し、軍事戦略思想を統合させることができないという欠陥があった。それが如実に表れたのがハワイ作戦（真珠湾奇襲）である。

いわゆる大艦巨砲・艦隊決戦思想を伝統とする軍令部に対し、連合艦隊司令長官山本五十六《いそろく》は危機感を覚え、敵の主力艦隊に痛撃を与える手段として、積極的な奇襲作戦の敢行を献策した。日米開戦に反対を唱える山本にとって、日本が干戈《かんか》を交えざるをえない場合に採るべき戦略は、開戦劈頭《へきとう》に第一撃を加える積極的な攻勢作戦であった。しかし、ハワイ作戦の目的が不明確であったため（章末「ハワイで航空奇襲作戦を敢行した山本五十六の不明」を参照）、山本の真意と、軍令部あるいは第一航空艦隊司令部との認識とは大きく背離してしまう。

国家戦略がないまま、いくつもの作戦計画が次々と策定され実行に移された。それでも緒戦では予想をはるかに上回る戦果を上げることができた。そして、開戦から三カ月目の昭和一七年（一九四二）三月七日、大本営政府連絡会議は新たな基本方針を決定する。

章末「爾後ノ戦争指導ノ大綱」をご覧いただきたい。これは、軍事限定の武力戦を指導するものであって、戦争指導ではない。クラウゼヴィッツによれば「戦争とは、他の異なれる手段をもってする政治の延長」であり、リデル＝ハートは「戦略とは、政策上の目的を達成するために軍事的手段を分配し、運用する術」と言う。つまり、戦争目的のサブフィールドとして、武力戦という手段を講じるわけであるが、日本の戦争指導の大綱には戦争目的を示そうという発想がない。

では、そもそも掲げるべき日本の戦争目的とは何だったのか。

昭和一四年（一九三九）九月一日、ドイツのポーランド侵攻によって第二次世界大戦が始まり、翌年、ドイツがフランスを占領した。日本は、親ドイツ政権のヴィシー政権(注6)と協定を結び、北部仏印、南部仏印へと進駐した。目的は、オランダの植民地であったインドネシアの石油獲得であった。

結果、イギリス、オランダ、アメリカが対日資産を凍結し、さらにアメリカは対日石油輸出を全面禁止するという強硬策に出た。(注7) そして、対米開戦が避けられなくなった昭和一六年（一九四一）一一月、「対英米蘭戦争終末促進ニ関スル腹案」が提議された。その内容は、「米英に対しては長期持久戦争となるため、南方の戦略資源要域を確保し、自給自足体制を整え、自存自衛の態勢を確立堅持しつつ客観情勢の好転を待つ」というものだ。

石油、鉄鋼、ボーキサイト、鉄鉱石、天然ゴム等の工業原料はもちろん、食糧などの基幹物資を輸入に依存していた日本が長期持久戦の体制を確立するには、南方の資源要域と主要交通ルートとを確保して、資源の安全輸送を死守しなければならない。

これについて、戦時下の統制経済を管轄する企画院は、開戦時の保有船腹量約六〇〇万トンのうち、国家経済に要する民需用を約三〇〇万トンと見積もっている。したがって、軍徴用の上限は三〇〇万トンになるわけだが、陸海軍は根拠のない数字を並べ立て、軍需の上限を上回る船舶を強制的に徴用した。自給体制を確立する意思、自存自衛の態勢を堅持する発想などは、微塵も見当たらない。

そもそも、「客観情勢の好転を待つ」とは、ドイツが勝利することでソ連の脅威がなくなり、米英の戦力が低下することを待つ、という意味である。すなわち、日本の戦争計画は、ヨーロッパにおいてドイツが勝利するまで耐えるという他力本願、希望的観測に基づいていたことになる。

［海軍の錯誤2］シーレーン防衛の誤解

さまざまな資源を海外に依存する島国日本にとって、資源を供給するシーレーンの安全確保は死活問題であり、戦争目的を達成するうえでの必須不可欠の条件となる。だが、海軍は船舶建造計画もシーレーン防衛計画もないまま、戦争に突入した。その最大の原因は、アメリカ海軍大学校の初代教官を務めたアルフレッド・セイヤー・マハンが『海上戦略史論』(注8)で説いたシーパワーの概念を帝国海軍が誤解したことにあると筆者は考える。

シーパワーとは、海域において自国の商船・軍艦等が自由に航行するよう使用権を確保し、逆に敵国の自由な航行を阻止する力を持つことを意味する。そして、海上を経済的・軍事的にコントロールすることを制海権と呼ぶ。この概念を帝国海軍に伝えたのは、マハンから教えを受けた秋山真之である。

ところが帝国海軍は、日本海海戦に勝利したことで、幸か不幸か制海権の戦略性を誤解して、シーパワーの充実という原則を完全に無視した作戦行動に終始した。すなわち、巨大艦隊による直接対決で敵艦隊を撃破すれば、敵国のシーレーンを遮断して制海権を獲得できると考えたのである。過去のみずからの成功体験にとらわれた結果、西南太平洋における資源確保のためのシーレーン防衛をまったく無視することになったというのは、歴史の皮肉と言うほかない。

たしかにマハンは、戦闘による勝利によって敵の海上戦力を撃破し、特定の海域から敵を排除し制海権を確保できると述べているが、それは、制海権が絶対的なものではなく相対的な状態であることを指摘しているのである。海軍は、制海権を絶対的なものと錯誤していた。

この錯誤の遠因は、第一次世界大戦における海戦の戦史的な教訓を真っ当に学習しなかったことにもある。大戦中、イギリス艦隊はドイツ艦隊を圧倒し七つの海の制海権を確保していた。ところが、海軍力に劣るドイツは、史上名高い潜水艦〈Uボート〉による無制限無警告潜水艦作戦（敵国海軍の艦艇だけでなく、民間船舶も含めすべてを無警告で攻撃する）を行い、これによりイギリスのシーレーンは寸断破壊され、イギリス本国の経済は破綻寸前まで追い詰められた。

帝国海軍は、同盟国イギリスの輸送船団護衛のため地中海、インド洋、豪州海域に三個の特務艦隊を派遣し、イギリスのシーレーンの確保に偉大なる貢献を果たした（章末「過去に経験していたシーレーン破壊」を参照）。にもかかわらず、二〇年後の帝国海軍にとって、この時成し遂げた海上交通連絡線護衛の偉業は忘却の彼方に追いやられるのである。

対するアメリカは、最新鋭の潜水艦や航空機をシーレーン破壊に使用して、戦法を進化させていった。日米両海軍の用兵思想の違いは、潜水艦の運用構想に表れている。

第二次世界大戦においても、ドイツの〈Uボート〉は連合国に甚大な被害を与えた。

それでもアメリカは、即座にドイツの潜水艦作戦を分析して、イギリスの失敗を繰り返さないための教訓を抽出した。そして、大西洋でドイツのシーレーン破壊に苦慮しながら、潜水艦一一一隻のうち五一隻を太平洋に配備し、昭和一八年（一九四三）秋以降、わが非武装輸送船のみを攻撃して、狙い通り日本を追い詰めていくのである。

ちなみに当時の潜水艦の速度は、浮上時が一五〜二〇ノット程度で水上艦艇には及ばず、潜航時は五〜一〇ノット程度まで落ちるため、電気モーターのバッテリーが上がれば浮上して充電しなければならなかった。さらに、潜望鏡を海面に出せば白波が立ち、スクリュー音によって敵艦に位置を把握されやすい等の弱点があった。

資源補給ラインの破壊は、長期間にわたって間断なく続行することで初めて効果が表れ、時間の経過とともに効果を発揮する。実際、太平洋の制海権を拡大するアメリカから、日本はおびただしい船舶被害を受けた。資源供給を完全に封鎖された結果、全国の工場施設は慢性的に工業原料が不足し、操業停止に追い込まれていった。

欧米諸国が潜水艦によるシーレーン破壊を徹底したのに対し、帝国海軍は潜水艦を艦隊決戦の補助戦力としか見ていなかった。昭和一九年（一九四四）九月に定められた潜水艦殊勲甲査定標準を見ても、戦艦撃沈に六〇点、巡洋艦に三〇点、駆逐艦・潜水艦に二〇点を与えたのに対し、輸送船はわずか七点ときわめて評価が低い。強力な潜水艦部隊を持ちながら、非武装輸送船を攻撃する発想など微塵もない。指導者たちが、補給輸送部門を軽視したことは明白である。

終戦間際にようやく方針を転換し、大本営海軍部直属の海上護衛総司令部を創設するが、軍事作戦を最優先してシーレーン防衛など眼中にない連合艦隊の無理解もあり、本来の機能を果たしたとは言いがたい。全船舶の運航を一元管理する海運総監部を創設した時はすでに制海権を失い、動かす駒（駆逐艦、航空機）があまりに少なく、(注9)大規模な護送船団など編成できなかった。

太平洋艦隊司令長官のチェスター・W・ニミッツは、自身が潜水艦乗りだったこともあり、「古今の戦争史において、主要な武器がその真の潜在能力を少しも把握理解されずに使用されたという稀有の例を求めるとすれば、それこそまさに、第二次世界大戦における日本の潜水艦である」と、帝国海軍の戦略的無定見を痛烈に批判している。

海軍は、真珠湾攻撃以後、空母と航空機による機動部隊による作戦をいくつも遂行しながら、ついに大艦巨砲決戦のコンセプトから抜け出せず、航空機、潜水艦、その他兵器の開発において、ひたすら攻撃力の高さのみを追求した。ここでは詳しく述べないが、〈零戦〉（零式艦上戦闘機）は世界に類を見ないほどの航続距離、戦闘能力を備えていたが、防御力はゼロに等しかった。

そして、「攻撃は最大の防御」と考えたことが、海軍の科学技術対応を誤らせるのである。

［海軍の錯誤3］科学技術に対する先見性の欠如

開戦当初の帝国海軍は、アメリカとの国力格差が大きく、圧倒的に不利であった。しかし、少なくとも昭和一六年（一九四一）一二月の真珠湾攻撃時点では、軍事科学技術の質的戦力は、欧米軍に勝るとも劣らないレベルにあった。

緒戦の太平洋正面の日米海軍の質的戦力を比較すると、航続力と速度、上昇力に優れた〈零戦〉を嚆矢《こうし》とする戦闘機、〈一式陸攻〉などの爆撃機等の航空戦力、世界に先駆けて開発に成功した無航跡で速度や炸薬量に優れた酸素魚雷、水中速度世界最速水準の潜水艦、そして戦艦〈大和〉〈武蔵〉の四六センチ主砲などの科学技術戦力は、アメリカを圧伏していた。

だが、日本は、こうした科学技術戦力の質的優位を維持伸長させることができなかった。戦勝国のアメリカは、戦後すぐに日本の戦争遂行能力について調査研究し、日本軍の敗因の一つに科学技術の戦力化の拙劣を挙げ、これを非常に重視している。先述のコンプトン・レポートは次のように述べている。

「日本の科学技術の進展は研究開発に適した組織が欠落していたこと、また陸軍・海軍の間で協力体制が欠如していたことにより大きなハンディを背負っていた。日本には有能な科学者が多数いたという確かな証拠があり、彼らは適した組織があれば、戦時における研究活動にかなりの貢献をしていただろう」

当時、日本の大学の研究室や企業に在籍した科学者は、世界トップ・レベルの能力を備えていた。この人的資源を戦争目的達成のために有効活用する組織づくりに問題があったという指摘については、陸海軍ともに同罪である。例を挙げればきりがないが、ここでは「八木アンテナ」を取り上げ、科学技術に対する指導者層の見識と先見性の欠如が招いた海軍の研究開発分野の失態を概観する。

大正一三年（一九二四）、東北帝国大学工学部教授の八木秀次は電波の指向性通信(注10)を可能にするアンテナを発明した。この画期的イノベーションにいち早く着目したイギリス、オランダ、アメリカは、大正一五年（一九二六）に発表された論文"Projector of the Sharpest Beam Electric Waves"（八木と門下生宇田新太郎の共同研究）の成果を軍事利用して、レーダー、空港の盲目着陸、テレビの実用化などを進めていく。

イギリスとアメリカは、レーダー用アンテナの実戦配備に成功し、これを"Yagi Antenna"と命名した。特にイギリスは、昭和一五年（一九四〇）七〜一〇月のバトル・オブ・ブリテンにおけるドイツ空軍による航空攻撃に対する防空邀撃《ようげき》システムの一環として、イギリス本土に二四カ所の早期警戒レーダー網を展開し、ドイツ空軍の封殺という目覚ましい成果を上げている。

一方、本家本元の日本では、八木の研究成果である指向性アンテナの軍事的価値を理解しようとせず、八木の提言から一六年後に、ようやく欧米諸国の動きに気づくのである。

昭和一七年（一九四二）二月、シンガポールを陥落させた日本軍は、(注11)イギリス軍の陣地から押収した文書のなかに、"SLC Theory"と書かれたノートと、鉄線と銅線を組み合わせてつくられた大きな檻のようなものを発見した。ＳＬＣはsearch light controlの略で、電波警報機ではないかと推察がついたが、ノートに散見される"Yagi Serial Array"の意味がわからない。

「もしかしたら、これは電波探知機のアンテナではないか」

そこで、捕虜のなかからノートの保有者を探し出し、「Yagiとは何か」と尋問した。捕虜は怪訝な表情で、「このアンテナを発明した日本の研究者だ」と答えた。尋問に立ち会った技術将校は、自分たちが知らぬ間に、日本人の発明した技術が敵国で新兵器として実戦配備されていることに驚愕したという。

翌月、蘭印（オランダ領インドネシア）のジャワ島でも、オランダのフィリップ社製作の指向性アンテナの実戦配備が発見される。この情報を知らされた海軍技術研究所は、八木アンテナの価値を見落としたことに、悔恨の念が湧き上がっていた。というのも、開戦前、八木から提言されたアンテナの軍事転用化を却下していたからだ。電波を特定の方向に発受信させる八木アンテナは、奇襲・夜戦を得意戦術とする帝国海軍にとってみずからの位置を敵に知らせるようなもので、軍事利用には不適切と見なしたのである。

コンプトン・レポートが指摘するように、当時の日本は、有能な科学者が画期的な研究成果を次々に公表していた。だが、理数教育を徹底していた海軍兵学校出身の海軍上層部のなかに、一人として八木アンテナの軍事的活用の可能性と有効性に気づく指導者層がいなかった。

我々は大東亜戦争の敗北を物量の差・科学技術力の差に帰していたが、より正確に表現すれば、政治・軍事指導者層の科学技術に対する認識の差で敗北したと見なすべきである。つまり、目利きのできないトップが、イノベーションの芽を埋没させてしまった好例だったのである。

英蘭軍による八木アンテナの軍事利用を知った時、日本軍がその威力を理解していたとは言いがたい。というのも、大東亜戦争初期のレーダーは性能が低く、シンガポールやジャワ島陥落時点では英蘭軍はレーダーを防御力として活用する水準になく、日本軍の攻撃に屈していたからだ。

その後、実戦配備されるなかで、レーダーの性能は加速度的に向上する。アメリカは、大東亜戦争前年に、戦争を勝利に導くため科学技術を吸い上げる国家システムを構築し、レーダーやVT近接信管(variable time fuse)の開発、マンハッタン計画などを猛スピードで推進した。そして、帝国海軍のお家芸ともいえる夜襲戦術は、完膚なきまでに破られることになる。

サボ島沖海戦――夜戦戦術の失敗

昭和一七年(一九四二)一〇月一一日深夜、ガダルカナル島へ重火器と陸上部隊を揚陸する輸送船団を護衛した第六戦隊(重巡三隻〈青葉〉〈古鷹〉〈衣笠〉、駆逐艦二隻〈初雪〉〈吹雪〉)は、飛行場砲撃のため、サボ島沖へ進撃した。戦闘配置直後、アメリカ艦隊を発見するが、これを味方輸送船と誤認し、同士打ちを恐れて発光信号によって確認を取ろうとした。

アメリカ艦隊は、最初の発光信号で日本艦隊と認識し、二度目の信号で〈青葉〉〈古鷹〉に砲撃を集中させた。戦闘開始直後に〈青葉〉は大破、〈古鷹〉は沈没、他も集中砲火を浴びた。

この頃、すでにソロモン諸島における制空権を失っていた日本軍は、昼間の行動が難しく、夜間作戦を採らざるをえなかった。ただし、夜戦を得意とする帝国海軍にアメリカ海軍が挑んできたことはなく、そのため日本側に油断と慢心があったことは確かであろう。

レーダー照準射撃装置を装備したアメリカ艦隊の砲弾は、闇夜の戦いにおいて照明弾なしに日本の艦艇に命中した。帝国海軍は、この時、的確に位置と射距離を特定するレーダーの威力を、身をもって知るのである。

マリアナ沖海戦――奇襲作戦の失敗

昭和一八年（一九四三）後半から中部太平洋への侵攻を本格化したアメリカ軍に対し、日本はグアム、サイパン、テニアンの兵力を強化してパラオ近海で迎撃する計画を練っていた。

翌年六月一九日早朝、小沢治三郎《じさぶろう》中将麾下《きか》の第一機動艦隊は、サイパン島の西方沖にアメリカ機動部隊を発見した。アメリカ軍の艦載機の攻撃範囲四六〇キロメートルに対し、帝国海軍のそれは約七四〇キロメートルであったことから、日本は敵の有効射程外から攻撃を仕掛ける艦対艦の二次元の砲撃戦において有効なアウト・レンジ戦法を、空母対空母・航空機対航空機という三次元戦力の戦闘に適用してしまった。この時の対戦距離約五五〇キロメートルは、足の長い日本の航空機にとって有利と作戦指導部は判断した。

七時三〇分、〈零戦〉はじめ第一次攻撃隊二四四機が発艦する。アメリカ艦隊は、まだ日本艦隊を発見していなかった。二時間後、アメリカ機動部隊の旗艦〈レキシントン〉のレーダーは、二〇〇キロメートル前方に日本攻撃隊の機影をとらえた。〈レキシントン〉には、対空見張り用で敵機の水平方向を捕捉するレーダーと高度を捕捉するレーダー、対空火砲と連動する射撃用レーダーが装備されていた。特筆すべきは、これらのレーダーが捕捉した敵の位置や動きのデータを総合的に処理して迎撃体制を取る、戦闘情報システムＣＩＣ（combat information center）を完備していたことである。

アメリカの完璧な迎撃体制の前に、日本軍機は次々と撃墜された。さらに、この迎撃網を突破してアメリカ艦艇に迫った日本軍機を待ち受けていたのは、電波を利用して目標物に命中しなくても近傍で爆発する、ＶＴ近接信管を装着した砲弾であった。日本軍機の損害は攻撃隊三二六機中二三〇機、パイロット三九五人が戦死した。

早期発見、先制攻撃を旨とする航空決戦をしかけてきた帝国海軍は、アメリカが開発した最先端兵器の前に、致命的な敗北を喫したのである。

アメリカは、昭和一五年（一九四〇）、ドイツ軍のパリ入城の翌日に、五万ドルの予算を投入して国家防衛研究委員会（National Defense Research Committee）を創設した。(注12) その目的を、フランクリン・Ｄ・ルーズベルト大統領は次のように述べている。

「戦争における機械ならびに装備に関する科学的研究を、国家防衛の利益とさらに相関させて、国家防衛の利益に従って支援する」

研究会には五つの部会と三四のセクションが設けられ、約三万人の科学者と技術者が組織化された。さらに翌年、航空機の開発を促進する国家航空諮問委員会（National Advisory Committee for Aeronautics）と、これを統括する科学研究開発局（Office of Scientific Research and Development）が設置され、全米の大学や研究機関、民間企業に在籍する科学者や技術者の一元的管理が図られた。

プロジェクトというものは、ルーズベルトがしたように、トップのかけ声一つで動き出す。ところが日本では、戦争準備段階で八木博士ら科学動員協会が研究技術の供与を申し出たにもかかわらず、大局観を持ってリーダーシップを発揮する人材が政治・軍事指導層にはいなかった。

マリアナ沖海戦において致命的敗北を喫しレーダーの開発を急ぐが、その性能は英米のそれに及ぶものではなかった。くわえて、開戦直前の昭和一六年（一九四一）八月に八木が指向性アンテナの特許期限延長を申請したにもかかわらず、特許庁はこれを却下している。政官軍三つ巴で、科学技術の有効性に対する認識が欠落していたと言わざるをえない。

科学技術の分野を見ても、あらゆる手段を用いてこれを有効活用する体制を築いたアメリカに対し、日本は、成功体験にこだわるあまり大局を見ることができず、有限であるヒト・モノ・カネなど諸資源の有効な戦略的運用を誤った。

これを総括して、コンプトン・レポートは、日本の敗因を次のように断定した。

「日本の軍事指導者が疑いもなく独善的で自信過剰な態度を取り続けたことにある」

【注】

1）戸高一成編『「証言録」海軍反省会』『「証言録」海軍反省会2』（ともにPHP研究所、二〇〇九年、二〇一一年）、NHKスペシャル取材班『日本海軍四〇〇時間の証言――軍令部・参謀たちが語った敗戦』（新潮社、二〇一一年）。

2) Carl von Clausewitz, *Vom Kriege*, P. Reclam jun., 1980.（邦訳『戦争論レクラム版』芙蓉書房出版、二〇〇一年）、Carl Von Clausewitz, Tiha Von Ghyczy, Bolko Von Oetinger and Christopher Bassford, *Clausewitz on Strategy: Inspriation and Insight from a Master Strategist*, JohnWiley&Sons, 2001.（邦訳『クラウゼヴィッツの戦略思想』ダイヤモンド社、二〇〇二年）。

3) "Report on Scientific Intelligence Survey in Japan, September and October 1945"（科学情報調査団報告書）、"Records of the U.S. Strategic Bombing Survey"（戦略爆撃調査団資料）はいずれもアメリカ公文書館所蔵（日本では憲政資料室所管）。

4) Antoine-Henri Jomini, *Precis de lart de la guerre*, Anselin, 1838.（邦訳『ジョミニ・戦争概論』原書房、一九七九年、新装版は二〇一〇年、文庫版『戦争概論』中央公論新社、二〇〇一年）

5) Basil Henry Liddell Hart, *Strategy: Indirect Approach*, Faber and Faber, 1954.（邦訳『戦略論』原書房、一九七一年）

6) 独仏休戦協定が締結された一九四〇年六月二二日から一九四四年八月二五日のパリの解放までの間の、ヴィシー政権下の体制をヴィシー体制という。ドイツの侵攻によりフランス北部を占領されたフランス政府は、一九四〇年七月一日に首都をフランス南部ヴィシーに移転した。

7) 昭和一六年（一九四一）当時、日本の石油は九〇％がアメリカからの輸入に頼っていた。海軍は、それまで民間ルートを通じて他国からの資源獲得を模索したが、アメリカからの圧力がかかりすべて断念した。

8) Alfred Thayer Mahan, *The Influence of Sea Power Upon History: 1660-1783*, Sampson Low, 1890.（邦訳初版は水交社訳が東邦協会より一八九六年、新装版は二〇〇八年）

9) 旧式駆逐艦一一隻、海防艦一〇隻、水雷艦四隻、特設艦四隻と第九〇一海軍航空部隊（〈九六式陸上攻撃機〉二四機、〈九七式飛行艇〉一二機、特設空母三隻）であった。

10) 八木は超短波通信が主力となることを予見し、大正一四年（一九二五）、「短波長電波の発生」「短波長による固有波長の測定」等の論文を発表した。これらの理論に基づき、長さの異なる棒状のアンテナを平行に並べ電波を特定の方向だけに発・受信するというきわめて簡単な構成の「電波指向方式」を発明した。現在、超短波、極超短波で使用されるほとんどすべてのアンテナ系はこの方式による。

11）昭和一七年（一九四二）二月一五日、第七方面軍第二五軍（司令官山下奉文中将）が、イギリスの東南アジア支配の牙城シンガポールを陥落させた。

12）カーネギー研究所所長のバニーバー・ブッシュ博士が委員長を務め、メンバーは、ハーバード大学学長ジェームズ・コナント博士、カール・コンプトン博士、ベル研究所所長フランク・ジューイット博士、カーネギー研究所の物理学者リチャード・トルーマン博士のほか、弁護士のコンウェイ・コウ、陸軍のジョージ・ストロング准将、海軍のハロルド・ボーウェン少将らであった。

ハワイで航空奇襲作戦を敢行した山本五十六の不明

大正一一年（一九二二）に、世界最初の航空母艦〈鳳翔〉を就役させた帝国海軍は、開戦時に一〇隻の空母を保有していた（アメリカ海軍は七隻）。しかも航空機の質的機能は列強のそれを凌駕し、海軍航空隊の戦技練度も他を圧倒していた。この状況下で山本五十六は、奇襲攻撃の手段として空母機動部隊を活用し、母艦航空戦力の全力を集中してアメリカ太平洋艦隊主力を撃破するハワイ奇襲作戦を敢行したのである。

しかし、この奇襲作戦は、海軍伝統の漸減邀撃作戦に対する山本の批判であり、艦隊決戦そのものの否定ではないという見解がある。その理由は、山本が、今後の海戦は航空戦力で決まると確信していたなら、奇襲のような危険性の高い作戦に決戦戦力のすべてを投入したか疑問である、というのである。

筆者は確実な史料的根拠を持ち合わせてはいないが、開戦前における山本の戦艦〈大和〉否定の言動等から、艦隊決戦論者ではなく航空決戦論者であったと考えている。山本に欠けていたのは、帝国海軍に牢固として根づいていた大艦巨砲主義者たちを説得する力量だったのではないかと考えている。

爾後ノ戦争指導ノ大綱

英ヲ屈服シ、米ノ戦意ヲ喪失セシムル為、
引キ続キ既得ノ戦果ヲ拡充シ、
長期不敗ノ政戦態勢ヲ整ヘツツ、
機ヲ見テ積極的ノ方策ヲ講ズ

「引き続き既得の戦果を拡充し」は大本営海軍部(軍令部)、「長期不敗の政戦態勢を整えつつ」は大本営陸軍部（参謀本部)、「機を見て積極的の方策を講ず」は連合艦隊司令部（軍令部の下位組織）と、三者三様の次期作戦構想が、統制統合されることなく一文に集約された「爾後ノ戦争指導ノ大綱」は、妥協の産物であった。

この時期、大本営陸軍部（参謀本部）は資源確保に向け南方資源要域へ、大本営海軍部（軍令部）は軍事的支配海域のさらなる拡大のため南西太平洋へ、連合艦隊司令部はアメリカ軍基地のあるハワイ方面へ再度の侵攻を企図していた。この三者三様の異なるベクトルが、戦争目的の曖昧な日本全体に大きな混乱をもたらすことになる。

過去に経験していたシーレーン破壊

大東亜戦争前、日本軍はシーレーン防衛の難しさを痛感する経験をしている。一つは、日露戦争時、ロシア艦隊からの日本の輸送船に対する破壊工作である。二つ目は、第一次世界大戦における連合国の輸送船団護衛への協力である。大正六年（一九一七）二月からの二年半、帝国海軍の特務艦隊が海外に派遣された。巡洋艦〈矢矧《やはぎ》〉以下四隻の第一特務艦隊はインド洋で、巡洋艦〈明石〉以下八隻の第二特務艦隊は地中海マルタ島から地中海沿岸まで三四八回にわたって連合国船舶七八八隻、約七〇万人を護送し、高い評価を受けた。同年六月には、駆逐艦〈榊〉がドイツ潜水艦の雷撃を受け、艦長以下五九人が戦死したことから、その任務が容易ではなかったことがわかる。

しかし、この時の経験は後世へ伝えられず、海軍統帥部が正しい理解の下にシーレーン防衛を講じることはなかった。海軍は、第一次世界大戦の海戦について調査・研究し、大艦巨砲主義を絵に描いたようなジュットランド海戦などの艦隊決戦については関心を寄せたものの、イギリスにおいて絶賛と感謝を受けた特務艦隊の輸送船団護衛の活躍についてはほとんど無視している。制海権獲得とシーレーン防衛との相関を無視した帝国海軍には、艦隊決戦によって相手を殲滅《せんめつ》させる攻撃志向、言わば「攻撃は最大の防御」という軍事理論的な根拠なき教義が亡霊のようについて回った。これが、彼らを思考停止状態に陥らせたのである。

第4章

プロフェッショナリズムの暴走

昭和期陸軍の病理

戸部良一

軍人たちはなぜ政治介入を強行したのか

作家司馬遼太郎は、『文藝春秋』の巻頭随筆に連載した後に『この国のかたち』と題して上梓したエッセーのなかで、次のように述べている。「国家がながいその歴史の所産であることはいうまでもない。当然ながら日本もそうである。日本史のなかに連続してきた諸政権は、大づかみな印象としては、国民や他国のひとびとに対しておだやかで柔和だった。ただ、昭和五、六年ごろから敗戦までの十数年間の〝日本〟は、別国の観があり、自国を滅ぼしたばかりか、他国にも迷惑をかけた。（中略）〝日本史的日本〟を別国に変えてしまった魔法の杖は、統帥権《とうすい》にあった」と。

司馬によれば、本来、三権分立を基本としていた明治憲法は、昭和になってから「変質」した。統帥権が三権の上に立ち、「一種の万能性」を帯び始めた。統帥権の主体は究極的には天皇であったが、その番人を任じていたのが参謀本部の軍人たちであった。そして、『参謀』という、得体の知れぬ権能を持った者たちが、愛国的に自己肥大し、謀略をたくらんでは国家に追認させてきたのが、昭和前期国家の大きな特徴だったといっていい」と司馬は述べている。

司馬が指摘する通り、昭和戦前期に軍人たちは統帥権を振りかざして政治に介入し、国家を従来の軌道から外れた方向に動かした。なぜ、そのような事態が生じたのか。

司馬は、統帥権が独立して三権の上に立つ制度、いわゆる統帥権独立制が軍人の政治介入の原因であったかのように論じている。しかし、この制度は明治初期に制定されたもので、その後しばらくの間、統帥権独立制の存在にもかかわらず、軍人のあからさまな政治介入は見られなかった。ということは、この制度が軍人の政治介入の原因ではなかったことを意味している。

何らかの原因が軍人の政治介入を促し、統帥権独立制がそれを容易にしたと考えるべきだろう。司馬の議論もよく読むと、明治憲法が昭和になって「変質」したと指摘している。制度が、より正確に言えば制度の運用が、変化したのである。

では、何が昭和期の軍人たちの政治介入を促したのか。何が統帥権独立制の運用を変化させたのか。

軍人が負ったトラウマと国民の政治不信

第二次世界大戦後、軍人と政治との関係を社会科学的に分析する政軍関係論という学問がアメリカで発展した。政軍関係論の分野で、その後に最も大きな影響を及ぼしたのは、政治学者のサミュエル・ハンティントンの理論である。

彼は、軍人(将校)は専門職化(プロフェッショナル化)すればするほど非政治的になる、という仮説を提示し、この仮説が政軍関係論の言わば古典的なモデルとなった。ハンティントンは戦前日本の政軍関係について、日本の軍人は専門職化していなかったがゆえに政治化したのだと

論じた。(注1)

だが、いかなる基準・尺度を用いても、昭和戦前期の日本軍人の専門職化のレベルが列国の軍人に比べて大幅に低かったとはいえない。ハンティントンはおそらく、日本の軍人は政治化したがゆえに専門職化していなかったと考えたのだろう。

ここで我々は発想を逆にすべきだろう。日本の軍人はプロフェッショナルでなかったから政治化し政治介入したのではない。プロフェッショナル化したにもかかわらず、あるいはプロフェッショナル化したがゆえに政治介入したのだ、と。

実際、ハンティントンを批判し、軍人は専門職化しても、政治に介入する可能性があると論じる研究者がいる。イギリスの比較政治学者、サミュエル・ファイナーである。(注2)

ファイナーによれば、軍人にはもともと政治化し政治に介入する内在的な傾向があるという。軍人は国家の対外的安全を保障するという責任から、独特の使命感を持っている。彼らは国家の後見人、国益の守護者を自任し、みずからを国家や国益と一体化させ、彼らが考える国益を政府が軽視ないし無視すると、それを矯正しようとして政治に介入する動機を持つ。

しかし、動機だけでは軍人は政治に介入しない。実際に政治に介入した軍人は、動機に加えて政治介入の意欲を持っている。その意欲は、戦争の敗北などによって国家に重大な恥辱が加えられたり、軍人の威信に大きな打撃が与えられたり、軍人が社会から厳しい批判や軽蔑を浴びたりして、軍人の不満や憤激が昂じた時に大きくなる。

図表2◉日本陸軍の組織

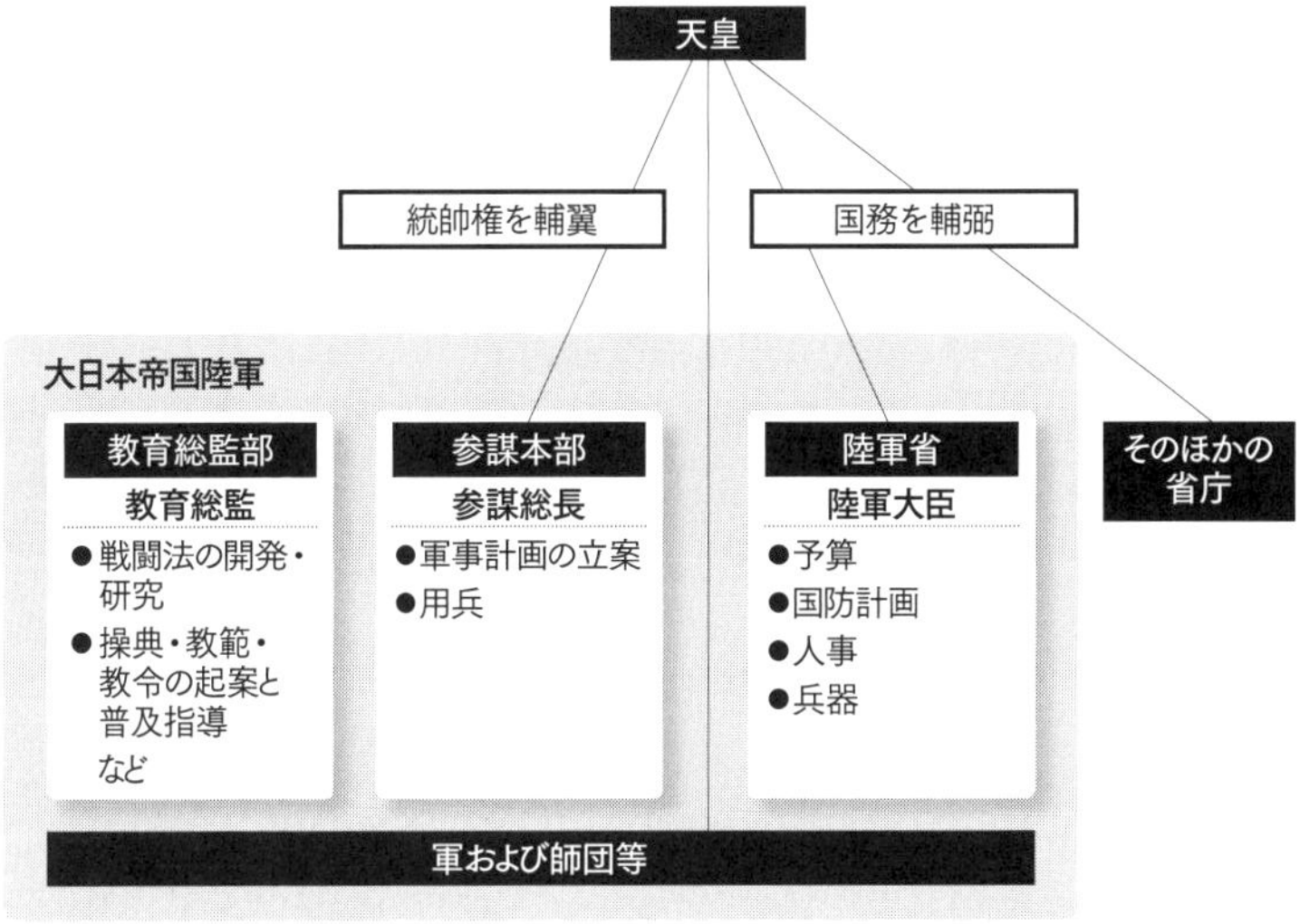

ただし、動機と意欲があっても、政治介入には至らない。何らかの機会が生じた時に、軍人の政治介入が現実化する。ファイナーは、その機会を、政治体制に対する国民の支持が弱まり、いわゆる正統性が動揺した時と説明している。

ファイナーの仮説を当時の日本に当てはめてみよう。

まず、第一次世界大戦後の平和主義的ムードと対外的脅威の大幅減少（ロシア帝国の消滅）とが、軍人軽視の風潮を蔓延させた。シベリア出兵の失敗が陸軍に対する批判を強めた。軍縮が軍人の生活を脅かし将来への不安を募らせた。こうして軍人は一九二〇年代に大きなトラウマを負い、政治介入の意欲を持つようになった。

一方、昭和三年（一九二八）、初めての

男子普通選挙が実施され、日本の政治は国民の政治参加という点で戦前のピークに達した。ところが、それと並行して政党政治の弊害も際立つようになった。選挙結果によって政権が移動しないこともあって、政権争奪のために与野党間で腐敗・汚職の暴露合戦が繰り広げられた。

昭和四年（一九二九）の世界大恐慌や変調を来した国際経済への対応もいかにもまずかった。不況が深刻化し、社会不安が広がりつつあった。政党政治は党利党略にかまけ、国民の要求に応えず、国益を顧みないと考えられるようになり、政治への信頼が大きく揺らいだ。こうした状況が、軍人たちに政治介入の機会を与えることになったのである。

総力戦に対する軍部と政治家の齟齬

トラウマ以外にも、軍人の政治介入の意欲を促した要因がある。それは、総力戦という観念である。

従来、戦争は、戦場での軍隊の戦闘によって勝敗が決せられた。ところが、一九一四年から一八年（大正三〜七年）まで長期にわたって激しく戦われた第一次世界大戦では、戦場が膨大な将兵と大量の兵器・弾薬を飲み込み、これを支えるため国力のあらゆる要素を戦争に注ぎ込まざるをえなくなった。その意味で、戦場と銃後の区別がなくなり、単に軍隊だけではなく国民全体が戦争の主体となった。これが総力戦である。

日本の第一次世界大戦への関与は、参戦国の一員でありながら、周辺的なものに留まり、したがって総力戦を体験することはなかった。しかし、大戦の推移を注視していた軍人たちは、戦争様相の巨大な変化に大きな衝撃を受けた。

大戦には戦車や飛行機などの新兵器が初めて本格的に使用されただけでなく、それまで考えられなかった規模の軍需品と兵員が費消された。こうした戦いを実行するには、資源、産業、金融、運輸等の動員だけでなく、国民の戦争継続意思を維持するため教育、文化、思想等の動員も必要とされた。

つまり、総力戦を戦うためには国家総動員が必須である、と軍人たちは考えたのである。日本の軍人は、プロフェッショナル化していたがゆえに、総力戦を深刻にとらえたといえよう。日本も総力戦を戦えるようにするには、どうすればよいのか。どのようにすれば、国家総動員を実現できるのか。これが、一九二〇年代の軍人たちをとらえていた重大な課題であった。ただし、総力戦を戦うための国家システム（総力戦体制）を構築することは、本来、政治のなすべき仕事であった。それは、軍人の手に余る、彼らの能力を超えたものであった。

原敬《はらたかし》や犬養毅《いぬかいつよし》など総力戦の本質をよく理解していた政治指導者がいなかったわけではない。だが、政治家にとって、総力戦体制の構築は実現すべき政策課題の一つにすぎなかった。国民の要求や期待に応えて、ほかにやるべきことがたくさんあったのである。

まして大戦が終わった後は世界を平和主義的なムードが覆い、近い将来に戦争が起きる可能性はきわめて低いと見なされていたから、なおさら総力戦準備への関心や努力は低下せざるをえなかった。総力戦の準備よりも、軍縮こそを実現すべきであると政治家は考えた。

田中義一《ぎいち》や宇垣一成《うがきかずしげ》に代表される軍の首脳たちは、総力戦体制の構築を政治家との協力のうえで推進しようと努めた。宇垣は、政府が要求する軍縮を受け入れながら、軍備の近代化を図り総力戦体制の基礎をつくろうとした。性急に事を進めても、政治家、実業家、官僚らの反発を招くばかりで国民の理解も得られない、と軍首脳は判断していた。

しかし、少壮将校たちは、こうした軍首脳の態度に飽き足らなかったのである。彼らは、政治家が総力戦体制構築に消極的なのは、安全保障の質的変化を理解せず、党利党略にかまけているからだと考えた。さらに彼らは、政治家だけでなく軍上層部も総力戦の本質を理解できず、みずからの利益や保身のために政治家と妥協・結託していると批判した。

こうして少壮将校は、自分たちが主導して軍を動かし、軍自体が率先して総力戦体制の構築に乗り出すべきだと主張するようになる。

一九二〇年代後半から二葉会、木曜会といった少壮将校のグループが結成され、昭和四年（一九二九）にこの二つのグループは合同して四〇名ほどの一夕会《いっせき》となった。彼らはエリート養成の登竜門である陸軍大学校を卒業し、大半が三〇代後半から四〇代前半であった。一夕会は陸軍人事の刷新と満蒙《まんもう》問題の解決を方針とした。

一夕会に加えて、昭和五年（一九三〇）には中佐以下の将校をメンバーとして桜会が結成される。

桜会は一夕会よりやや若い年代の軍人から構成され、「国家改造」を目標とし、軍事クーデターさえ容認した。やがて桜会は会員数を急速に増やして一〇〇名ほどとなり、昭和六年（一九三一）の三月事件、十月事件という未発のクーデター計画に関与した。

そして、桜会から、さらに若く過激な青年将校運動が分離してゆく。その担い手の多くは、陸大入校前の尉官クラスの隊付将校で、エリートを志向せず、徴兵された兵士の出身家庭の窮状から、政治社会の変革を求め、反体制的な運動に傾斜する。昭和一一年（一九三六）の二・二六事件で指導的役割を演じたのが、彼らであった。

暴走する出先軍と追認しかできない陸軍中央

軍人が関与した三月事件、十月事件、五・一五事件、二・二六事件などのようなテロやクーデターが歴史に及ぼした爪跡は大きく深い。十月事件は満洲事変での関東軍の暴走を助け、五・一五事件以後、政党内閣は姿を消した。二・二六事件は、陸軍の一部による事実上の叛乱であった。ただし、二・二六事件が鎮圧され、その指導者たちが政治の実権を握ったわけではないことにも留意する必要がある。昭和戦前期の日本の歴史に決定的な影響を及ぼしたのは、実は、こうしたテロやクーデター以外の面での軍人の政治介入であった。

特に重大であったのは対外的な面での軍人の暴走である。その端緒は、昭和三年（一九二八）

図表3◉昭和期の主な出来事と軍の動き

元号（西暦）	世界の出来事 国内の出来事
大正3（1914）	第1次世界大戦（～1918）
大正6（1917）	ロシア革命
大正7（1918）	シベリア出兵（～1922）
大正11（1922）	ワシントン海軍軍縮条約締結
大正14（1925）	普通選挙法成立
昭和3（1928）	**張作霖爆殺事件** 中国東北地方の軍閥・張作霖が親日から方針転換しつつあったため、関東軍が列車移動中の張作霖を爆殺したとされる。
	普通選挙法による初めての選挙
昭和5（1930）	ロンドン海軍軍縮条約締結
	統帥権干犯問題 列強間の補助艦保有量を決める国際会議で、政府が海軍の反対を押し切って条約を締結したため、海軍や野党が中心となって「統帥権の干犯」として政府を批判した。
昭和6（1931）	満洲事変
	三月事件 陸軍内の中堅幹部らが中心となって、軍部主導の国家改造を目指したクーデター計画。上層部の反対などで未遂に終わった。 **十月事件** 「桜会」主導で計画されたクーデター。事前に情報が漏れて未遂に終わった。中心メンバーは検挙されたものの、謹慎、転勤など軽微な処分で済まされた。
昭和7（1932）	**5・15事件** 海軍の青年将校らが犬養毅首相を暗殺。
昭和8（1933）	**塘沽停戦協定** 日本軍と中国軍との間で、満洲国と中国との軍事境界線を設定。
昭和10（1935）	**梅津・何応欽協定** 河北省からの国民政府軍と国民党機関の撤退を取り決め。
	永田鉄山殺害
昭和11（1936）	日独防共協定
	2・26事件 陸軍の青年将校らが起こしたクーデター。高橋是清蔵相、斎藤実内大臣らが殺害される。
昭和12（1937）	日中戦争（～1945）
	宇垣内閣流産 広田弘毅内閣の総辞職を受けて、宇垣一成に組閣の大命が下るが、宇垣の登場を望まない陸軍が、軍部大臣現役武官制を利用して陸軍大臣を出さず、断念させた。
昭和13（1938）	国家総動員法成立
昭和14（1939）	第2次世界大戦（～1945）
昭和15（1940）	日独伊三国同盟
昭和16（1941）	太平洋戦争（～1945）

六月に発生した張作霖《ちょうさくりん》爆殺事件であった。この事件の首謀者は一夕会のメンバー河本大作《こうもと》（関東軍高級参謀）だったが、軍司令官を含む関東軍司令部の組織ぐるみの「犯行」であった疑いが濃い。

問題は、少なくとも河本が首謀者であることが判明したのに、彼を軍法会議にかけず、行政処分に付しただけだったことである。河本を裁判にかけ刑事罰に処することには、当時の政友会内閣も陸軍も強硬に反対した。河本の犯行が公になれば、日本の対外的信用を損ない、陸軍の組織全体にわたって士気の低下を招くとされた。軍法会議が開かれれば、河本個人だけでなく、関東軍司令部全体の関与が問題とされたかもしれない。

かくして、組織の長期的な堕落・腐食よりも目前の体面と組織内の調和が重視された。

張作霖爆殺事件は、日中間の大規模軍事紛争に発展することは避けられた。しかし、ほぼ三年後の謀略事件、柳条湖《りゅうじょうこ》事件（昭和六年〔一九三一〕九月）は満洲事変という本格的な紛争に発展する。その理由の一部は、事件が関東軍の石原莞爾《いしわらかんじ》（作戦参謀）や板垣征四郎《せいしろう》（高級参謀）の周到な計画によって始められたことにある。しかも、この事件は、ある種のクーデターとして敢行されたと見ることができる。

つまり、石原らは、単に権益擁護や対ソ国防という見地から満蒙問題の武力解決を図ろうとしただけでなく、それまで日本外交が依拠してきた国際協調体制（ワシントン体制）を破壊し、それによって生じる対外的危機に乗じて国内体制の改造（総力戦体制の構築）を目指したのである。

石原と板垣は一夕会員だったが、柳条湖事件当時、陸軍中央の三官衙《かんが》（陸軍省、参謀本部、教育総監部）にも、陸軍省軍事課長の永田鉄山《てつざん》、同補任課長の岡村寧次《やすじ》、参謀本部編制動員課長の東條英機、教育総監部第二課長の磯谷廉介《いそがいれんすけ》など、一夕会員が課長、高級課員（係長）、班長といった中堅の枢要なポストに就いていた。

彼ら陸軍中央の一夕会員は、石原や板垣の謀略には必ずしも同調しなかったが、事件発生後は、関東軍の武力発動を強力に支援した。満蒙問題の解決も総力戦体制の構築も、彼らの共通目標だったからである。

満洲事変では、さまざまの場面で下克上と独断専行が繰り返された。柳条湖事件が発生した直後、奉天にいた板垣は独断で中国軍への攻撃を命じた。旅順の軍司令部では、全面的武力発動を躊躇《ちゅうちょ》する軍司令官・本庄繁《ほんじょうしげる》に対し、石原が強硬な意見具申によって決心に踏み切らせた。朝鮮軍司令官・林銑十郎《せんじゅうろう》は、天皇の裁可が下りる前に、関東軍を援助するため独断で隷下の部隊を越境させた。ソ連の動きを警戒する本国の陸軍中央が再三ブレーキを掛けたにもかかわらず、関東軍は北満に進出した。満洲政治への関与を禁じた陸軍中央と政府の指示を無視し、関東軍は満洲国という新国家建設を推進した。

こうした行動の多くが、本来ならば、刑罰や処分あるいは譴責《けんせき》の対象となるはずであった。しかし、どれ一つとして、そうしたことにはならなかったのである。むしろ、満洲事変は日本の死活的国益を守り、日本人居留民や満洲住民を苦境から救ったサクセス・ストーリーとなった。その成功の立役者たちは、責任を問われるどころか、称賛をもって報われた。林は越境将軍として英雄視された。張作霖爆殺事件を超える悪しき前例がつくられたのである。

昭和八年（一九三三）に塘沽《タンクー》停戦協定が成立して、満洲事変は一応のピリオドを打ったが、その後も出先の現地軍の突出行動は繰り返される。華北分離工作や内蒙工作がそれである。

華北分離工作とは、華北から中国国民政府ないし国民党の勢力を排除しようとしたものだが、なかでも悪名が高いのは昭和一〇年（一九三五）五月の梅津・何応欽《かおうきん》協定である。これは支那駐屯軍司令官・梅津美治郎《よしじろう》が不在の間に、同軍参謀長の酒井隆が中国側に押しつけたものであった。酒井の独断専行を知って梅津も陸軍中央も驚いたが、結局はまたも追認してしまった。

内蒙工作については、参謀本部作戦課長となっていた石原莞爾が満洲に飛び、関東軍幕僚との会議で、これを止めるよう主張したところ、貴官の真似をしているだけだ、と皮肉な反論を突きつけられたというエピソードが有名である。

現地軍が下克上を伴う独断専行によって突出行動を取り、必ずしも当初はそれに賛同しなかった陸軍中央が追認し、これを政府も容認してしまう。こうしたパターンが何度も繰り返された。そもそも、軍事行動やそれに関連した事項は、政府が関わることのできない統帥作用であるとされた。したがって、出先軍のコントロールは陸軍中央のやるべきことであったが、満洲事変後の陸軍中央にはそのコントロールの意思と能力が欠けていた。出先軍の軍人のなかには、彼らの軍司令官は天皇の直隷下にあり、その行動を幕僚組織にすぎない参謀本部が掣肘《せいちゅう》するのは統帥権干犯である、と主張する者さえあった。

いずれにしても、一見して日本の影響力拡大や国益増進という目的にかなうように見えた行為は、結果がよければ、手段・方法の是非を問われなかった。一時的に陸軍中央の指示を無視しても、政府の方針に反しても、成功すれば、おとがめなしであった。軍法や軍規に違反した行為が処罰されなければ、その繰り返しは避けられなかった。

組織の腐敗・堕落は、こうした面に表出したのである。

軍事的合理性を背景とした政治介入

昭和一一年（一九三六）二月、二・二六事件は日本を、そして日本陸軍を大きく揺るがす。軍によるクーデターであり、部隊を動かした叛乱だったからである。ただし前述したように、叛乱軍が政権を奪取したわけではない。叛乱は鎮圧され、首謀者たちは非公開の軍法会議によって厳罰を科された。

陸軍は「粛軍」を掲げて組織の立て直しを図った。二・二六事件の前年（昭和一〇年〔一九三五〕）八月に、統制派の首魁《しゅかい》と目された陸軍省軍務局長の永田鉄山が白昼、執務室で皇道派将校によって斬殺されたが、この事件のような陰惨な派閥抗争はほぼ姿を消した。クーデターが繰り返されることもなかった。クーデター方式の政治介入は否定された。

クーデター方式が否定された理由は明らかである。武力を用いて政府転覆を図るような行動は、どこから見てもあからさまな政治介入だったから、政治不関与を行動規範としている多くの軍人が忌避するところであった。

また、政治に深く関わると、軍内部に深い党派対立と亀裂を生んでしまう。実際、皇道派と統制派との激しい派閥抗争が続き、それが二・二六事件にも微妙な影を落とした。そして、軍内部の党派対立は、戦闘組織としての軍の結束を弱める。満洲事変以降、対外的危機が続く状況で、そうした事態は絶対に避けなければならなかった。

このような理由でクーデター方式の政治介入は否定されたが、政治介入そのものがなくなったわけではない。陸軍は「粛軍」を掲げながら、二・二六事件直後に成立した広田弘毅《こうき》内閣の組閣人事に横槍を入れている。

翌昭和一二年（一九三七）、広田内閣の総辞職に伴い、かつて陸相を務めた宇垣一成に、組閣の大命が降下した。ところが、陸軍の強硬な反対によって宇垣は組閣を断念せざるをえなかった。陸相在任時の軍縮実行のために、宇垣が政党に協調的であると見られていたことが、陸軍内に反発を生んでいた。また、宇垣の起用は、彼による軍のコントロールに対して大きな期待が寄せられたからであったが、その分、軍の反発も大きかった。

宇垣内閣阻止には、軍部大臣現役武官制が利用された。軍部大臣（陸相と海相）が現役の大将・中将でなければならないという規程は、いわゆる大正デモクラシー期の大正二年（一九一三）に改定され予備役でもよいことになったが、二・二六事件後の広田内閣の時に再改定され元に戻った。事件に影響を与えたとされ予備役に編入された皇道派将官の復活を防ぐことが、その狙いであった。その結果、陸相候補の大将・中将が就任を拒めば、内閣は成立できなくなった。

宇垣内閣を流産に追い込むことに主導的な役割を果たしたのは、当時、参謀本部作戦部長となっていた石原莞爾である。その頃石原は、軍が「政治の推進力」としての役割を果たさざるをえないと論じ、総力戦体制構築のために日本の産業構造を大きく変えようとしていた。それゆえ石原は、宇垣が陸軍に対抗する勢力を結集してそれを妨害することを警戒した。こうした意味で、石原をはじめとする陸軍中堅層は、強力な指導力を発揮するリーダーを忌避するようになっていたのである。

その後も、内閣が交替するたびに、新内閣の組閣人事に陸軍が口を出すのは「恒例」となった。昭和一五年（一九四〇）七月には、畑俊六《はたしゅんろく》陸相が単独辞職し、独伊との同盟や南進に消極的な米内光政《よないみつまさ》内閣を総辞職に追い込んだ。内閣の成立・崩壊といった場面だけでなく、さまざまな分野の政策問題にも軍人は関わろうとした。昭和一二年（一九三七）七月に支那事変（日中戦争）が始まってからは、その傾向がよりいっそう顕著になる。

その時に軍人が振りかざしたのが、総力戦の論理である。つまり、軍は、総力戦を戦うには国家が有するあらゆる要素を投入しなければならないとし、あらゆる要素が国防に関係する以上、そこには必然的に軍事的考慮が払われねばならないと主張した。言い換えれば、軍はみずからの主張や要求を、軍事的合理性によって根拠づけた。そして、しばしばこの論理には軍事的合理性を装った軍の組織的利益も介在していたのである。

軍事テクノクラートの独善性

陸軍は、軍事的合理性を掲げて政治に介入した。だが、それは陸軍大臣あるいは参謀総長が強力な指導力を発揮し、組織全体を率いて、政治を壟断《ろうだん》するという構図になっていたのではない。むしろ政治介入の推進力は省部（陸軍省と参謀本部）の中堅幕僚層（局部長・課長クラス）にあった。大臣や総長が幕僚に操られたロボットだったわけではないが、多くの場合、彼らは中堅幕僚が中心となって組み立てた官僚組織としての軍の主張や要求を、政府に伝えて説明する、あるいは押しつけるという組織の代表としての役割を演じたのである。

軍の政治介入の推進力となった中堅幕僚層は、エリート軍人として純粋培養された軍事プロフェッショナルであり、多くの場合、有能な軍事官僚であった。彼らの思考や主張は、軍事という特定の領域に留まる限り、合理的であったともいえるだろう。しかし、軍事が他の領域とクロスしたり競合したりした場合でも、彼らは常に軍事的合理性を優先すべきだと強調した。それは、経済や教育・文化とクロスするケースだけでなく、政治や外交と関わる場合も、そうであった。

たとえば、満洲事変後の日中関係の安定化よりも、対ソ戦の場合の中国国民政府の向背を警戒して、陸軍は華北分離工作を強行した。国民政府が抗日を本質とし、日ソが戦う時にはソ連側に立って日本を背後から脅かす危険性があるので、前もってその勢力を華北から放逐し華北を親日的な政権の統治下に置かねばならない、というのが華北分離工作の論理であった。

軍はまた、支那事変の早期解決を目指しながら、戦績と将兵の犠牲に見合う和平条件に固執した。特に早期撤兵に抵抗して、事変解決を困難にした。昭和一三年から一四年(一九三八〜三九)にかけての防共協定強化問題では、ソ連の事変介入を防止するとともに、その蔣介石《しょうかいせき》政権援助を抑制し、さらに対ソ戦の場合の援助を期待して、ドイツとの同盟締結のために政府に対して何度も強い圧力をかけた。

昭和一五年(一九四〇)初夏、ヨーロッパの大戦でオランダやフランスがドイツの軍門に降り、イギリスの没落も必至と見られて、ヨーロッパ諸国のアジアにおける植民地が権力の真空地帯と化した時、陸軍は積極的な南進を唱えた。南進には、好機便乗主義的な対応のほかに、解決の糸口が見出せない支那事変を、ヨーロッパの大戦に連動させることによって解決しようという思惑も関わっていた。

その南進によってアメリカとの対立が深刻化し、昭和一六年(一九四一)一二月、対米開戦を決意した時、軍は奇襲効果を高めるため、交渉打ち切りの通告をできるだけ遅らせるよう外交当局に求めた。

いずれも、軍事的合理性という狭い観点に立つ限り、軍人たちの主張や要求にまったく理由がないわけではなかった。しかしながら、それは部分的合理性に留まり、必ずしも全局の合理性にはつながらなかった。

省部の中堅幕僚たちは、たしかに優秀な軍事テクノクラートが多かった。ただし、特定の分野ではどんなに有能であっても、大局観や政治的英知を具備しているとは限らない。彼らが狭隘《きょうあい》な観点から軍事的合理性を追求する時、それはしばしば軍事テクノクラートの独善性に通じてしまったのである。

強力なリーダーの排除とセクショナリズム

軍の政治介入は軍部独裁をもたらしたわけではない。軍が政治権力を独占したわけでもない。ただし、満洲事変以降の日本の内政と外交に、最も大きな影響力を及ぼしたのが陸軍であったことは間違いない。ところが上述したように、その政治的影響力が大きくなるのと並行して、権力の核心的な部分は中堅幕僚層に移行ないし下降した。

ミドル・レベルが実権を持つというのは、軍だけではなく、日本の官僚制組織に共通する傾向であったかもしれない。そのうえ、もともと軍人の政治介入が上層部批判を伴っており、それが尾を引いていたとも考えられよう。軍内部の陰惨な派閥抗争が、暗殺や予備役編入によって、リーダーとしての資質を有する軍人を退場させたという事情もあるだろう。

おそらく最も重大な要因は、宇垣内閣阻止に見られたように、強力なリーダーシップを発揮しそうな指導者を意識的に排除したことである。実権を持ちつつあった中堅幕僚層が、有能なリーダーの登場を阻み、リーダーシップの資質に富んだ指導者が排除されたがゆえに、中堅幕僚層の実権がますます強化された。

トップのリーダーシップが不在あるいは弱体であれば、中堅レベルにはセクショナリズムがはびこり、権力は拡散する。(注3) かくして、陸軍の政治介入は、その組織に以下のような結果をもたらした。

権力の核心が中堅幕僚層に移行し、それを構成する軍事プロフェッショナル、テクノクラートの狭隘な合理性と独善性が政治を歪めた。そのうえ、中堅レベルで権力が拡散してセクショナリズムが蔓延し、より狭い合理性と組織的要求がせめぎ合い、本来ならば組織内部に封じ込められるべきセクショナリズムのせめぎ合いが、しばしば政治の中心的位置を占めてしまう。

こうした状況が一見軍部独裁と見えた現象の実質だったのである。

【注】

1) Samuel P. Huntington, *The Soldier and the State: The Theory and Politics of Civil-Military Relations*, Belknap Press of Harvard University Press, 1957.（邦訳『ハンチントン 軍人と国家 上・下』原書房、二〇〇八年）

2) Samuel E. Finer, *The Man on Horseback: The Role of the Military in Politics*, Pall Mall Press, 1962.

3) 北岡伸一「政治と軍事の病理学」（『アステイオン21』一九九一年発行）。

第5章

「総力戦研究所」とは何だったのか

総合国策の研究と次世代リーダーの養成

土居征夫

「日本必敗」の結論

バブル崩壊から二〇年。停滞が続く日本では、「第二の敗戦」という言葉が巷でささやかれている。昭和二〇年（一九四五）の太平洋戦争終結が第一の敗戦なら、失われた九〇年代を経て二〇一〇年に名目GDPで中国に抜かれ「世界第二位の経済大国」から脱落したことが第二の敗戦というわけだ。

だが、驚くべきことだが、太平洋戦争時においても日本は、実は二度敗けている。ただし一度目の敗戦は、帝国海軍が真珠湾のアメリカ軍基地を奇襲する四カ月前、内閣総理大臣の直轄機関で行われたシミュレーションにおいてである——。

この時、「もし、日米が開戦したら」という前提の下で導き出された結論は、「日本必敗」であった。

近衛文麿《このえふみまろ》首相以下、各大臣が居並ぶなか、「日本必敗」の結論を驚愕の表情で傍聴する人物がいた。時の陸軍大臣東條英機である。シミュレーションを担当したメンバーに対し、彼は一言、「口外してはならぬ」と釘を刺したという。(注1)

昭和一六年（一九四一）四月、総勢三五名、平均年齢三三歳の若きエリートたちが、ある国家目的のために招集された。次代を担うリーダーとして各省庁、民間企業、陸海軍から選抜され、国防国家の支柱となるべき人材を養成する目的で新設された「総力戦研究所」において訓練を受けた彼らは、その第一期生である。(注2)

総力戦研究所は、内閣直轄の文民機関である。初代所長は長年にわたって国防大学の設立を進言してきた陸軍中将の飯村穣《じょう》だが、研究生三五名のうち軍人は五名しかいない。ほかに、大蔵省、外務省、商工省などから官僚二二名、同盟通信社、郵船会社等民間から五名、学界と法曹界から三名が選ばれ、少し遅れて閑院宮春仁王《かんいんのみやはるひと》が聴講生として加わった（図表4「総力戦研究所 第一期研究生名簿」を参照）。

各機関はかねてより優秀な人材を出すよう要請され、なかでも各省庁は将来の大臣・次官と目される人物の参加を求められていた。そのため三五名中二八名が東京大学の出身だ。軍人は陸海軍大学校を卒業した大尉または少佐であった。

彼らエリートは、すでに要職に就き、大半は妻子持ちで独身者は二名だった。それが突如として毎日、急ごしらえの貧弱な校舎で講義を受け、体操までやらされたというのだから、入所直後は戸惑う者が多かったという。

内閣は、なぜ、次代を担う逸材を一年も職務から離れさせ、総力戦の研究に専念させようとしたのだろう。

図表4◉総力戦研究所第1期研究生名簿（昭和16年4月1日）

氏名	出身校	出身母体	演練役割	演練後の主要職歴*
芥川 治	東大法	鉄道省運輸局	鉄道大臣	参議院事務総長、会計検査院院長
秋葉武雄	東大法	同盟通信社編輯局東亜部	情報局総裁	共同通信社政治部長
石井 喬	東大法	拓務省拓南局	拓務大臣	パラグアイ大使
今泉兼寛	東大法	大蔵省主税局	大蔵大臣	丸善石油化学工業取締役
岡村 峻	九大法文	陸軍省（陸軍主計少佐）	陸軍次官	戦死
岡部史郎	東大法	衆議院速記課長	内閣書記官長	行政管理庁管理部長、国立国会図書館副館長
川口正次郎	東大法	内務省警保局	情報局次長	和光産業社長
清井 正	東大法	農林省官房文書課	農林大臣	農林事務次官
窪田角一	東大法	産業組合中央金庫（参事・調査課長）	総理大臣	農林中央金庫常務理事
倉沢 剛	東京文理大教	東京女子高等師範学校教諭	文部次官	東京学芸大学教授
酒井俊彦	東大法	大蔵省理財局	企画院次長	大蔵省国際局長、北海道東北開発公庫総裁
佐々木 直	東大経	日本銀行資金調査局	日本銀行総裁	日本銀行総裁
志村 正	海大37期	海軍省（海軍少佐）	海軍大臣	水交クラブ
白井正辰	陸大51期	陸軍省（陸軍大尉）	陸軍大臣	総理府恩給局課長、偕行社会長
玉置敬三	東大法	物価局第二部化学課長	企画院総裁	通産事務次官、東芝社長
武市義雄	海機38期	海軍省（海軍機関少佐）	海軍次官	海上自衛隊横須賀地方総監部副総監
千葉 皓	東大法	外務省東亜局	外務大臣	ブラジル大使
丁子 尚	東大法	文部省宗教局宗教課	文部大臣	国立大学協会事務総長
中西久夫	東大法	東京府庁（地方事務官）	企画院次長	愛東車両工業社長

成田乾一	慶應法	興亜院嘱託	興亜院総務長官	日放社長
野見山 勉	東大法	商工省総務局	商工大臣	中小企業信用保険公庫理事、JETRO副理事長
林 馨	東大法	外務省上海大使館（三等書記官）	外務次官兼情報局次長	メキシコ大使
原 種行	東大文	東京高等学校教授	大政翼賛会副総裁	岡山大学教授
日笠博雄	東大法	朝鮮総督府事務官	朝鮮総督	弁護士
福田 冽	東大法	内務省計画局	警視総監	自営業
保科礼一	東大法	三菱鉱業労務部	企画院次長	三菱経済研究所常任理事
前田勝二	東大経	日本郵船企画課	企画院次長	日本郵船支店長
三渕乾太郎	東大法	東京民事地方裁判所判事	司法大臣兼法制局長官	東京高裁判事
三川克己	東大法	厚生省職業局	厚生大臣	東京労働基準局長
宮沢次郎	東大法	満洲国大同学院教官	対満事務局次長	トッパン・ムーア社長
森 巌夫	東大法	逓信省官房秘書課	逓信大臣	日本海難防止協会理事長
矢野外生	東大法	農林省官房文書課	企画院次長	日本精糖工業会専務理事
吉岡恵一	東大法	内務省地方局	内務大臣	人事院事務総長
千葉幸雄	東大経	日本製鐵総務部福利課	不参加（退所）	戦死
山口敏寿	陸大50期	陸軍省（陸軍少佐）	不参加（退所）	KDK麹町研究所理事
閑院宮春仁王	陸大44期	陸軍大学校教官中佐	不参加（聴講生）	実業家

防衛研究所戦史研究センター史料室、外務省外交史料館、国立国会図書館所蔵資料より作成。
＊森松俊夫『総力戦研究所』（白帝社、一九八三年）を参照。

国家百年の計に向かう人材養成機関

昭和一五年（一九四〇）九月三〇日勅令第六四八号「総力戦研究所官制」の最後には、総力戦研究所設置の理由が記されている。

「近代戦は武力戦の外《ほか》思想、政略、経済等の各分野に亘《わた》る全面的国家総力戦なるに鑑《かんが》み総力戦に関する基本的研究を行ふと共に之《これ》が実施の衝《しょう》に当たるべき官吏其《そ》の他の者の教育訓練を行ふべき機関として総力戦研究所を設置するの要あるに依《よ》る」

大正三年（一九一四）から五年間続いた第一次世界大戦以降、戦争は、日露戦争のように軍隊のみが戦う武力戦ではなく、複数の主要国家群の総力戦へと変化した。

第一次世界大戦が総力戦になったことは、日本の政財界の首脳や軍関係者に衝撃を与えた。大戦勃発の一年後、陸軍省は、臨時軍事調査委員会を組織するほか、大戦に関する情報の収集と分析のため、多数の駐在武官、観戦武官をヨーロッパに派遣した。海軍も臨時調査委員会を組織し、艦船・兵器の近代化、艦隊編制の成果を軍備計画に採り入れようと、網羅的に調査・研究に当たった。そして明らかになったのは、近代戦という総力戦を戦い抜くには、膨大な兵器や弾薬を生産するための資源と重工業生産能力が必須となるということだった。だが、日本は国防資源に乏しく、重工業生産能力も欧米の列強よりはるかに劣っている。この現実が軍部の危機感を高めた。

その後、財政緊縮やそれに伴う軍備の縮小が持ち上がり、総力戦に対する関心は薄れたが、陸軍では昭和六年（一九三一）の満洲事変を契機に、再び総力戦思想が台頭した。その急先鋒の一人が、後に総力戦研究所初代所長となる飯村穣である。

ロシア語とフランス語に堪能だった飯村は、昭和五年（一九三〇）一月から三年ほど、トルコ駐在大使館付武官を務めている。その間、「赤軍の戦略・ソ連の社会戦争」（注3）を翻訳し、社会主義国家ソ連はすでに総力戦思想の下、国家総動員体制を整えているというその内容が、戦争イコール武力戦と考えていた多くの人々の覚醒を促した。

その頃、イギリスに駐在する陸軍少佐の辰巳栄一（注4）は、国家百年の計を策定し、総力戦時代の国家を担う人材を養成する組織として、同国の国防大学の存在に興味を抱き調査を進めていたが、肝心の情報をつかめずにいた。そこで、かねて親交のあったイギリス陸軍省極東班長の協力を仰ぎ陸軍将校の名簿を見せてもらった。そして、要職にあった将官・佐官クラスの氏名に「ＰＲＤＣ」という符号がついていることに気づき、これが「国防大学の卒業者」であることを突き止めた。ＰＲＤＣは、Passed Royal Defense Collegeの略称だったのである。

関係者に国防大学について尋ねると、部外秘という理由から拒否されたため、辰巳は紳士録や有名大学の卒業名簿などを片っ端から当たった。そして、イギリス社会の枢要な地位を占める貴族、官僚、学者、実業家などにＰＲＤＣの符号がついていることが判明する。

ところが、肝心の国防大学内部の詳細は、いくら調べてもいっこうにわからない。幸い、在英フランス駐在武官として長く勤務する陸軍中将が、断片的に得た資料を総合して次のように説明してくれた。

●国防大学設立の目的は、平戦両時を通じて、軍部と他の政府諸機関との協調連絡を図るため、その要員を養成するにある。

●国防大学の編成組織は明らかではないが、現在の学長はシビリアンではなく、陸海軍いずれかの将官といわれている。教官には優秀な佐官クラスの将校と、政治・経済・文化等の学識経験豊かな、それぞれの文官が任命されている。

●学生は、陸海軍から中・少佐クラスの将校と、シビリアン学生として内務・外務・大蔵・産業各省から適任者が選抜されている。学生数は、毎期約三〇名、学修期間は一年ということである。

辰巳は、国家百年の計に向かう人材を養成する、というコンセプトに着目した。イギリス駐在が長く、欧米派と目されていた辰巳は、陸軍主流に対して「統帥《とうすい》権独立によって軍部独裁主義に陥り、部外に対して『依《よ》らしむべし　知らしむべからず』の方針が貫かれている」と批判的であった。そして、この時、イギリス国防大学をモデルにした研究学習機関を日本に設立することを痛感し、参謀本部に提案した。

昭和七年（一九三二）夏、飯村はトルコからの帰途ロンドンに立ち寄り、辰巳から国防大学の話を聞き、その考えに賛同して日本における実現に尽力することを約束する。

二人のほかにも、欧米の事情に明るい陸軍将校たちが危機感から軍事戦略の見直しを模索していた。後年、総力戦研究所の設立に奔走するフランス駐在の西浦進は、フランスが国防研究所を創設し、所員に文官・武官の俊英を選抜したことに着目する。その頃、欧州各国では総力戦体制の確立、特に陸海空軍の統一問題に関する議論が浮上して、三軍に文官を加えた国防大学設立の機運が巻き起こっていた。西浦は、日本は国防中枢部の機構や運営に根本的な欠陥があり、フランス国防研究所のような機関が必要と考えていた。

昭和四年（一九二九）一月からドイツに駐在した高嶋辰彦は、ベルリン大学、キール大学で政治学、経済学、軍事学を修め、エーリヒ・ルーデンドルフの『国家総力戦』(注5)に注目した。

西浦や高嶋のように国際情勢に明るい陸軍将校たちの尽力によって、昭和一一年（一九三六）末頃から、陸軍省、参謀本部の一部で国防大学の新設の機運が高まった。支那事変の拡大とともに軍備の充実が急務となったため一時立ち消えとなったが、関係者の地道な努力は続き、最終的には昭和一五年（一九四〇）秋にようやく総力戦研究所の設立が実現することとなった。

結果論から言えば、日本の対米開戦は無謀な国策ではあったが、その経過は軍部など指導層が一致し一直線に戦争に向かったという単純な道のりではなかった。軍官民を問わず、世界の大勢を見通し、深く思慮をめぐらせ、日本の針路を誤らせることのないよう努力した人たちもけっして少なくはなかったのであり、そのためのいろいろな試みもなされた。

そもそも陸軍は、昭和一五年（一九四〇）三月時点で支那からの自主撤兵方針を固めていたが、(注6)ドイツ対英仏の戦いが急進展し、イギリス軍のダンケルク撤退とフランスの降伏を背景に日独伊三国同盟が結ばれてから事態は変化した。同年一〇月に北部仏印進駐が実施されたが、参謀本部では失態を治癒するため主要幹部が更迭され（筆者の父土居明夫も参謀本部改革のため、情報畑から異例の作戦課長に発令された）、一一月には中国に対し長期持久戦を覚悟して兵力拡大を抑止する方針が決定する。

翌年三月、日ソ中立条約締結と同時に日米交渉が開始された。陸軍はこの時点で、イギリスだけでなくアメリカとの戦争につながる可能性が高いことから南進に慎重だった（英米不可分論）が、六月の独ソ開戦後、方針を転換する。七月には田中新一作戦部長以下陸海軍の少壮幕僚が中心となり、北進と南進への同時積極準備方針が打ち出され、南部仏印進駐を開始した。これに対し米英が態度を硬化させ、八月に対日資産を凍結したが、実は石油製品輸出許可制を発令した六月以降、日本には一滴の石油も入らなくなっていた（図表5「対米開戦までの出来事」を参照）。

窮地に陥った日本は、事態を打開するため、近衛首相が日米巨頭会談を提案するが実現せず、東條英機に首相就任の大命が下る。同時に天皇は「白紙還元の御諚《ごじょう》」（従来の決定にとらわれることなく、国策を白紙から再検討するようにという天皇陛下からの指示）を発し、政策の根本からの再検討を東條首相に命じた。

図表5◉**対米開戦までの出来事**

年月	国内の出来事	海外の出来事
昭和15年（1940）3月	陸軍、支那事変解決と撤兵方針決定	
4月		ドイツ軍の西方攻撃突如開始
5月		イギリス軍ダンケルク撤退
6月		フランス降伏
9月		ドイツ、イギリスを完全封鎖、ロンドン大空襲
10月	北部仏印進駐	日独伊三国同盟
11月	支那事変処理要綱決定（対支兵力縮減方針）	
昭和16年（1941）3月	松岡洋右外相訪欧	
4月	日ソ中立条約	
	日米交渉開始	
	陸海軍対南方施策要綱概定（南進への慎重論）	
6月		独ソ開戦
	独ソ開戦に伴う国策の混乱	
7月	帝国国策要綱決定（南進、北進積極準備）	
	南部仏印進駐	対日資産凍結
8月	日米首脳会談提案	大西洋会談（米英戦争協力）
9月	帝国国策遂行要領承認（対米開戦を辞せず）	
10月	近衛内閣総辞職	ドイツ軍モスクワ総攻撃開始
	東條内閣成立	
	白紙還元の御諚	
	国策の白紙からの再検討	
11月	帝国国策遂行要領（最後の外交努力）決定	
	アメリカに来栖三郎大使を派遣、乙案提示	対日ハル・ノート発出
12月	御前会議で対米英蘭開戦を決定	ソ連軍ドイツ軍に対し反撃

東條はこれまでの国策方針を棚上げして誠心誠意その再検討を行ったが、すでに世論や軍部の開戦への流れは押し止めがたい勢いとなっていた。そのなかでも対米乙案という大陸からの撤兵案までまとめ上げたが、アメリカも中国等同盟国の意向を踏まえて対日開戦の覚悟を固め、ハル・ノートの発出となって万事は窮したのである。

遡って総力戦研究所の創設も、日本の針路を誤らせないための慎重派の一つの試みであった。前述した経緯を経て、対米開戦前年の昭和一五年（一九四〇）九月三〇日、勅令により総力戦研究所の創設が認可された。

総力戦研究所の教育と机上演習

初代所長を務めた飯村は、参謀本部で欧米課長、陸軍大学校で校長を務め、深い見識と優れた国際感覚を備えたソ連とアメリカの専門家である。教官は、専任所員のほか、企画院、大蔵省、商工省や陸海軍からの兼任所員が二〇名ほど加わり、生産力拡充や物資動員、陸上輸送、外国情勢、国内外の金融などの教育を担当した（図表6「総力戦研究所〔発足時〕の教官と教務」を参照）。

教育訓練は、研究生の多くが民間人であることから、国家総力戦について広範な基礎知識を習得させるとともに、本質の把握究明と事象・事物の総合的判断ができる力を養成することに重点が置かれた。

授業は、討議、読書、課題研究（個人研究・共同研究）、視察見学（現地研究）、机上演習《シミュレーション》、講演、講話、体育とさまざまな方法が採られ、なかでも重視したのが本番さながらの演習や訓練である。

また、陸海大学校で実施していた兵棋《へいぎ》演習、図上演習を採り入れた机上演習にも力点が置かれた。

授業のスタイルは、所員たちが作成した専門分野の資料を研究生に与え、これを説明した後、各自に研究させた。その後討論が実施されたが、議論が白熱して収まらないことがたびたびあったという。

飯村所長は、研究生の精神的指導と研究生相互の交流にも力を入れた。所員と研究生が胸襟を開いて親しく交わり、互いの職域を理解して、各省割拠や官民対立の風潮を打破することが、総力戦体制構築の素地になる、という信念を持っていたからである。そのため、研究生の出身母体を考慮してグループを編成し、これを勉学の行動単位として親和を深めさせた。控室はグループごとに与え、団欒《だんらん》や休息、自習、研究に利用させた。

冒頭で紹介した「日本必敗」の結論を導き出した机上演習が行われたのは、昭和一六年（一九四一）六月から八月にかけての二カ月間である。演習のテーマは「南方に石油を取りに行ったらどうなるか」であった。この演習の当初の目的は、研究生の思考訓練であったが、軍部がその研究成果に深い関心を寄せていたことは間違いない。

机上演習の第一期は、六月中旬から一カ月間、個人研究を行った。第二期は七月一二日からの約二〇日間、グループによる「日米開戦を想定した机上演習」であった。

図表6◉総力戦研究所（発足時）の教官と教務

所員（教官）	前職（兼任所員は本務）	指導教務
渡辺 渡	陸軍大佐	総力戦（主任）、武力戦
松田千秋	海軍大佐	武力戦（主任）、総力戦
寺田省一	農林省企画課長	経済戦・総力戦
岡松成太郎	商工省会計課長	経済戦（主任）、総力戦
大島弘夫	内務省警保局外事課長	思想戦（主任）、総力戦
前田克己	大蔵省主計局調査課長	経済戦・総力戦
萩原 徹	外務省通商局第三課長	外交戦（主任）、総力戦
西内 雅	陸軍省兵務局思想班長	国体の本義（主任）、思想戦
山田秀三*	企画院調査官	生産力拡充
藤室良輔*	陸軍技術本部総務部長	陸軍兵器技術資材
秋水月三*	企画院第一部長	特に指定する事項
鈴木重郎*	企画院書記官	物資動員
唐川安夫*	参謀本部課長	外国情勢の一部
磯村武亮*	参謀本部課長	外国情勢の一部
石井正美*	陸軍大学校兵学教官	陸軍戦術
岡田菊三郎*	陸軍省整備局戦備課長	陸軍軍制の一部
石川信吾*	海軍省軍務局第二課長	海軍軍制の一部（軍政）
小川貫璽*	軍令部部員	外国情勢の一部
橋本象造*	海軍省兵備局第一課長	海軍軍制の一部（戦備）
迫水久常*	大蔵省理財局企画課長	国内金融の一部（金融統制）
野田卯一*	大蔵省為替局総務課長	国際金融（為替）

真田穣一郎＊	陸軍省軍務局軍務課長	陸軍軍制の一部
山澄忠三郎＊	海軍大学校教官	海軍戦略戦術史
足羽則之＊	企画院書記官	陸上輸送
周東英雄＊	農林省総務局長	農林省関係事項
神田 暹＊	商工省総務局総務課長	経済新体制（商工鉱業）
新井 茂＊	貿易局総務課長	貿易統制
美濃部洋次＊	物価局総務課長	物価統制

「総力戦研究所所長達第三号」（昭和一六年四月一日付）より作成。
＊兼任所員

この時、統監部（研究所側）は、研究生に対し、「内外情勢は現状推移の通りとして、青国（日本）政府を組織し、青国の総合的な総力戦計画と陸海軍関係計画、対外政略綱領、思想戦計画、経済戦計画を月別または年別に示せ」と命じ、各研究生の職歴を配慮して演習の役割配置を決めた。こうして組織されたのが、窪田角一を総理大臣とする「模擬内閣」である。

研究生たちは、各自の出身母体から豊富なデータ・資料を持ち込み、研究に没頭した。ところが、「南方に石油を取りに行く」という想定であるにもかかわらず、肝心の陸海軍の石油備蓄量だけは完全な機密事項で、軍出身の研究生ですらデータを入手することができなかった。

それでも、セクショナリズムを排したチームによる作業は、国力判断において大きな成果を上げた。たとえば、模擬内閣で企画院次長役を務めた前田勝二（日本郵船から出向）は、世界の船船事情に詳しく、日米戦に突入した場合の船舶消耗量を月間一〇万トン、年間一二〇万トンと予測した。当時の日本の造船能力は多く見積もって月間五万トン、年間六〇万トンである。つまり、計算上年間六〇万トンは足りないことになる。

南方進出において最も肝心なのは、軍が船舶消耗を年間八〇万〜一〇〇万トンに抑えるよう主導し、石油搬送船の護送を最優先することだったが、その対策を講じることなく南進に踏み切った（三年後、前田の予想は的中し、日本の商船隊は全滅した）。

机上演習の前半で表れた予測数値を見て、研究生たちは意気消沈した。この時点で早くも彼らは、「日本は開戦できない」という結論を出している。所員の指導で演習は続けられたものの、演習を続けるほど、研究生たちは「日本必敗」を確信していった。事実、彼らの分析結果は、後の太平洋戦争における戦局の推移を、真珠湾攻撃と原爆投下を除いてほぼ正確に予測していたのである。

その精緻な成果は、八月二六日からの二日間、首相官邸報告会において、近衛首相、東條陸相ほか各大臣が居並ぶなかで発表された。飯村所長の講評が終わると、冒頭で紹介したように、それまで克明にメモを取っていた東條陸相が立ち上がり、次のように発言したという。

「諸君の研究の労を多とするが、これはあくまで机上の演習でありまして、実際の戦争というものは君たちの考えているようなものではないのであります。日露戦争でわが大日本帝国は、勝てるとは思わなかった。しかし、勝ったのであります。あの当時も列強による三国干渉で、止《や》むにやまれず帝国は立ち上がったのでありまして、勝てる戦争だからと思ってやったのではなかった。戦というものは、計画通りにいかない。意外裡なことが勝利につながっていく。したがって、君たちの考えていることは、机上の空論とはいわないとしても、あくまでも、その意外裡の要素というものをば考慮したものではないのであります。なお、この机上演習の経過を、諸君は軽はずみに口外してはならぬということであります(注7)」

東條の真向かいに座っていた前田勝二によれば、その表情は蒼ざめ、研究生たちの自由闊達な議論が政府や軍部批判に及んだ時はこめかみが心もち震えているように見えたという

総力戦研究所は、言わば軍部の国際派、良識派が後押ししてつくり上げた教育研究機関であったが、当時の軍部主流派の指導者たちは、軍事機密の漏洩、軍部の主導性維持への危惧等から、その動きに必ずしも肯定的ではなかった。だが東條は、机上演習の結論をだれよりも真剣に受け止めた。八月二七、二八の両日にわたり傍聴して、前掲のように「研究に関する諸君の努力は多とするが、これはあくまで演習と研究であって、実際の作戦とはまったく異なることを銘記しておいてもらいたい」とコメントした。

『総力戦研究所』の著者森松俊夫は、「なぜ、東條はこのような当然なことを発言したのか、真意は把握しがたい。おそらく本演習の成果が、東條陸相にとっても、かなり参考になるものがあったのではなかろうか」と述べている。事実、同年一〇月一六日に内閣を投げ出した近衛の後を受けて総理大臣に指名された東條は、前述のように国策を検討し直した。

しかし、この時点では、既成事実や世論も含め事態はすでに引き返しがつかないところまで進行しており、日米開戦回避の策はありえたとしてもきわめて狭い選択肢でしかなく、いかに真面目な東條といえどもその道を選択する度量は持てなかった。

極東軍事裁判において、総力戦研究所の机上演習の三カ月後に日本が戦争に突入していることから、戦争準備のための共同謀議の企画立案であったという嫌疑がかかった。これに対し元所長の飯村と元所員の堀場一雄は、総力戦研究所は研究教育機関であり、その研究内容や成果が政府に影響を及ぼした事実はないことを主張して、問題は取り下げられた。東條が苦虫を噛み潰したような表情で研究発表を聞いていたことからも、嫌疑が的外れのものであったことがわかる。

総力戦研究所の成功と限界

昭和一六年（一九四二）四月一日にスタートした総力戦研究所の設立の狙いは、次の三つに要約できる。

第一は、国政における縦割りの弊害を是正し、軍事的視点だけでなく、経済、政治、外交、国民生活等を総括した、総合国策の立案研究を行うことにあった。演習と研究という限られた役割のなかではあったが、この狙いは一定の成果をもたらしたといえよう。

第二は、将来の日本の指導層（リーダー）となるべき若手人材の養成、社会各分野の中核人材間のネットワーク形成であった。研修生のその後の回想録では、この点の成果が特に大きいものであったと語られている。

第三に、軍部による一般官民社会組織の指導啓発という狙いがあったのではないか。一部の参加者にはそのような見方もあった。マスコミを通じての効果をはるかに超えて、参加者間での認識や問題意識の共有がより強くなされたことは当然であろう。

しかし、総力戦研究所が果たした役割には限界があった。対米開戦に慎重な政策を提言したが、結局それを活かすほどの成果を上げることはできなかった。「もっと早く、この研究所ができていたら」という声も多くあったが、問題は組織でなく、この組織を動かす人、組織を活用し、その提言を用いる人にあった。研究所の意義や成果を積極的に国策に展開しようとするリーダーが少なく、結果としてその成果は活かされなかった。

研究所をサポートすべきリーダーも政策当事者の主流にはいなかった。むしろ、政策当事者は、当面差し迫る政策を実施するために、総力戦研究所の人材を忙しい各省部に都合よく引き抜くことを優先した。

戦後も霞が関中央官庁の各省縦割り意識の解消のため、人事院が各省採用官僚の合同研修を行ったり、内閣官房を強化するなど組織・機構の改革を繰り返したり、また各省政策を超えて総合的な国策を研究する総合研究開発機構（ＮＩＲＡ）を設置したりと、さまざまな努力が積み重ねられてきた。民間でも戦前の昭和塾[注8]、戦後の浩志会[注9]のような、異業種交流による中核人材育成の試みがなされた。

しかし、解決の決め手は、研修所や研究会等の組織の創設や組織いじりにあるのではなく、それを動かす人材そのものの育成と配置にある。たとえば、自身の経験に照らして言えば、事務次官会議一つを見ても、次官に省庁の枠を超えた視野を持つ人材を得て適切な運用を行えば、各省の縦割り問題は一挙に解決するはずである。

総力戦研究所の試みは、一定の成果を上げたが、総合国策の立案や次世代リーダーの育成という設立の趣旨を理解するリーダーが少なかったため、ついにその成果が国政に活かされ国策に反映されることはなかった。問題は学校教育を含めた日本社会全体のリーダー育成システムにこそある。

総力戦研究所は昭和一八年（一九四三）一二月の第三期生卒業まで継続したが、戦況の悪化により、研究所自体は昭和二〇年（一九四五）三月、四年半の活動をもって廃止された。

陸大、海大、帝大の欠陥教育

日本におけるリーダーの劣化は、実は、明治期から始まっていた。これについて、実業家・政治家の永野護（元日商会頭永野重雄の兄）は次のように述べている。

「明治維新前における日本の教育目標は、武士としての人間完成にあったが、明治以後はいたずらに欧米の物質文明を模倣することに急なるあまり、人間としての鍛錬を忘れて技術の修得をもって唯一の目標とし、その人生観は立身出世主義に堕するに至ったのです。（中略）しかるに昭和年代に入り、維新前の教育を受けた人達が全て死に絶えたあとは、大黒柱のない建具ばかりの継ぎ合わせたような建物となり、そこに、この大暴風雨が襲ってきたのですから、ひとたまりもなく吹き倒されてしまった次第です（注10）」

また、哲学者で京都大学教授の高山岩男は、幕末から明治にかけてのリーダーたちが、国難に際してよくこれに対処して、帝国主義下の国際世界にあって独立を失うことなく、新日本の路線を敷いて過誤を犯さなかったことを高く評価する一方で、大正・昭和期に入ると「軍部は人もなげな態度で暴走し、官僚は法匪《ほうひ》となり、政治家は達識の人少なく、かくて国史上未曾有の失策を仕出かすに至った（注11）」と指摘し、幕末・明治期のリーダーと大正・昭和期のリーダーの根本的な違いに言及している。

「（明治維新のリーダーが）自分たちの後継者を育成しようとして建設した文武の高等専門学校の教育からは、自分たちをたたきあげた最も大切な学問、すなわち経学（哲学）と史学と文学とが姿を消してしまったのである。新日本を築く政治家、行政官僚、法曹を育てるものは専《もっぱ》ら法律学であり、帝国大学並びに民間私立の法律専門学校であった。これは、新日本が欧州並の法治国として国際世界に登場するに、不可欠の要請に発するものではあったが、その法学教育は、法律解釈の技術面にはしるものとなり、国の経営、国政担当に最重要な哲学や史学は姿を消すに至った。

残ったものは法科万能、さらに法律万能の風であり、これはいよいよ勢いを増すに至った」

陸軍大学校、海軍大学校、帝国大学に代表される明治以降の高等教育は、法律や軍事など実利本位の知識や技術の習得に専念した。その結果、大正・昭和期に、利害打算に長《た》けた深みのない似非リーダーを多く輩出した。

陸軍大学校は、明治一五年（一八八二）に創設され、明治一八年（一八八五）の第一期生以降、卒業生は毎年約一〇名、明治末期からは毎年六〇名前後（太平洋戦争中は急増）に及ぶ。海軍大学校は、明治二一年（一八八八）の創設以降、終戦までの間、甲種学生（幹部候補生）が毎年二〇～三〇名卒業している。これら軍エリートが、名実ともに戦前の日本陸海軍を指導し、発展させ、そして最後に崩壊させたのである。

陸軍大学校創設の目的は、「将来の参謀職に堪ゆべき者」すなわち参謀候補を養成することにあった。明治二〇年（一八八七）の条例改正によって、高等兵学の教授と将来の参謀、高等司令部副官ならびに教官を育成することに変更され、さらに二年後、「高等兵術を教授し、参謀其《その》他枢要の職務に充つべき者、又は高等指揮官となるべき者を養成す」と改められた。

後年、陸大出身者でなければトップ（将帥《しょうすい》）になれないことがルール化されたことで、陸大は「指揮官」の養成機関に事実上格上げされたが、実際の教育内容は「幕僚」（補助スタッフ）を養成する技術教育に留まった。

一方、海軍大学校創立の目的は、「海軍将校ニ高等ノ兵術ヲ教授スル所トス」（明治二一年制定官制第一条）であるが、陸大と同じく、将帥教育と幕僚教育の二面性が介在した。

陸大海大ともに、リーダー（将帥）を養成するための教育は、主として人の上に立つ者としての徳育教育に終始し、深い人間観、世界観に根差す戦略的思考や、政治と軍事の関係を洞察する識見を養うものではなかった。

元海相の及川古志郎《おいかわこしろう》（海軍大将、海軍大学校長も務めた）は、戦況が悪化の一途をたどりつつあった昭和一八年（一九四三）、次のように語っている。

「（日本が米英を敵に戦うことになった主因の一つは）陸海軍が軍人を教育する場合、もっぱら戦闘技術の習練と研究に努力したことだった。将帥たるにはもちろんだが、すべての軍人にとって大事なのは、政治と軍事の正しい関係とはどういうことなのか、これを達成するにはいかにすべきか、ということである。こうした教育を顧みなかったことがいけなかった」

とはいえ、陸海大の教育の功罪の「功」を忘れてはならない。それは、啓発教育である。戦後の高等教育が引き継いだ旧帝大型の旧態依然とした「詰め込み」教育に対して、陸海大における兵棋演習、参謀旅行などの実地・応用教育に見られる啓発教育の妙は、好対照で際立っている。

兵棋演習は、地形図上で、二班に分けた学生を対峙させ、それぞれ演習上の役職を割り当てて実戦さながらの戦闘場面を現出する。これは、変転する戦況に即応した対策を研究させるもので、柔軟な対応能力を啓発させるものである。

陸海大における戦術教育は、総じて具体的な状況に対する学生自身の対応を迫り、臨機応変の能力を養う点に力点が置かれていた。教えられた範囲の原則を、教えられた要領で解答することを優先する、いわゆる注入教育とは異なり、千変万化の状況を設定して、その対処を学生に解答させた。たとえ想定外の事態が生じても、リーダーが採用すべき処置の応用能力を練磨させたのである。

授業は、教官と学生がマンツーマン方式で徹底的に討論して黒白をつける。討論中の心理戦には、即座の処置、決心を要求されるため、戦場さながらの困難な状況下で、指揮官としての心理、思考力、判断力、実行力が養われる。その効果はきわめて大きかった。

陸軍大学校の教育手法は、今日でいうケース・メソッドであり、一部のビジネス・スクールを除いて戦後教育に欠けているものといえる。今日、問題解決のための創造力や判断力は、実社会へ出てからの実務経験を通じて初めて養成されるが、あたら才能がありながら大学を出る頃には薹《とう》が立ってＯＪＴには時すでに遅し、というケースが多く見られる。

真の創造力は、複雑な現実に直面して、いわゆる三現主義（現地・現物・現場）で全智全霊を傾けて解決に取り組むことで養成される。このような啓発教育の機会が、今日、感受性の高い時期の教育に、どれほど取り入れられているだろうか。日本の高等教育は、講義の内容をノートに書き取り、それを再現すれば単位が取れるという旧態依然とした旧帝大式の注入教育に毒され続けてきた。

ウォー・ゲームにしてもビジネス・ゲームにしても、ケース・メソッドを用いる場合、その成否は教官の実戦経験にかかっている。陸大の教官は、部隊との人事異動を通じて、常に実社会の空気を教育の場に持ち込んでいた点は評価できるが、それは限られた戦術局面での臨機の対応力を養うものでしかなかった。

これについて、開戦時、在米海軍武官補佐官としてワシントンに駐在し、帰国後、海軍大学校教官を兼ねた元海軍大佐の実松譲は、次のように述べている。

「たしかに、海軍大学校教育の最大の欠陥は、軍事の末端に走った〝戦争屋〟づくりであった。(中略)時が移り、人が変わるに従って、軍事の技術面―戦略・戦術―のみを重視する程度がいよいよ大きくなってきた。(中略)学生教育の主眼点は兵術思想の統一に置かれるようになった。このように、時日の推移とともに、欠陥教育の道を、無意識的に進むようになってしまったのである」

リーダー育成教育の根本的見直し

前述のように、高山岩男は、戦前の政治家、行政官僚、法曹家を育てた帝国大学等の法学教育も、法律解釈の末端技術面に専念した欠陥教育であったと喝破した。その帝大教育の悪弊は、高等教育全体の問題として今日まで続いている。

この問題を抜本的に改革しない限り、真のリーダーの登場は望むべくもない。いま日本のリーダー養成課程を改革するうえで必要なのは、二つの方向性である。

リベラル・アーツ教育の拡充

リーダーの養成課程で最も必要なのは、リベラル・アーツ教育の拡充である。アメリカの高等教育機関では、毎回課題図書を与えて討議し、歴史や哲学、宗教、人間論について自分の頭で考える訓練を行う。かつて旧制高校でも、大量の読書を行う場が与えられ、それが人間形成に果たした役割は大きかった。

ハーバード・ビジネス・スクールには「ザ・モラル・リーダー」という文学講座がある。この講座の上級講師を務めるサンドラ・J・サッチャー女史によると、文学作品を読ませて論評し合うことで道徳観や世界観について本質に迫る対話力が身につき、リーダーシップの育成にきわめて有効であるという(注12)。

近代日本では、西洋の列強に追いつけ追い越せとばかり、法学、工学、語学等の実学を重んじた結果、欧米諸国のリベラル・アーツ教育が重視した教養、すなわち文法・論理・修辞学の三学や、天文学、幾何学、算術、音楽などのアーツ、それに哲学、歴史などを学ぶ意義が深く省みられることがなかった。

東京大学名誉教授の村上陽一郎は、『あらためて教養とは(注13)』のなかで、教養教育の重要性を説いて、教養とは「自分という人間をきちんと造り上げること」であると述べていている。

たとえば、アメリカの高等教育では、リベラル・アーツ・カレッジを中心に、まず少人数の教養教育が施され、そこでは読書と討論を通じて徹底的に自分の頭で考える訓練がなされる。専門課程はその後で学ぶ体系となっており、たとえば、医学や法学は大学の学部卒業後に大学院レベルのメディカル・スクールやロー・スクールに進学する。日本でも、教育再生会議の提言で、このような方向性が示唆されているが、改革は遅々として進んでいない。

自立した人間をつくるリベラル・アーツ教育は、高等教育だけに期待するのではなく、初等中等教育からの対応も重要である。同時に家庭教育や幼児段階からの情操教育等も忘れてはならない。幕末の志士上がりの明治維新の指導者たちは、幼児からの四書五経の素読や読み書きそろばん、さらには剣術や坐禅など、日本的なリベラル・アーツ教育の機会に恵まれて、近代日本を建設するリーダーとして育てられた。

高山岩男が指摘した経学、史学、詩文の重要性も再認識する必要がある。「経学は、中国の四書五経を中心とするものであるが、天下の治乱、国の盛衰興亡のよって来たる道理を明らかにするもの、今日の言葉でいえば政治哲学とも言うべきものであった。史学はこの道理を具体的に実証せる歴史の学であり、（中略）歴史を勉強するということは、単にこの一回的出来事を記憶するというだけでなく、この一回的出来事を通じて、治乱興亡の歴史の理を認識すること」なのである。

日本の幕末から明治期に世界的な指導者を育てたのは、文武両道の学問であり、文に関しては特に政治哲学、歴史、文学等であった。今後のリーダー教育においては、古今東西の古典や歴史を含めた幅広い教養教育が再構築されるべきであり、深い人間観、世界観、歴史観を育てる真のリーダー教育の確立が待たれる。

現場主義型リーダー育成システムの確立

第二に必要なのは、現場主義型のリーダー育成システムの確立である。日本では、戦前においては軍隊で、戦後においては製造業の現場から、叩き上げのリーダーが育った。日本社会は歴史的に、大衆層のなかから叩き上げのリーダーを輩出する構造を持つ。諸外国のようにエリート階級と庶民層の社会階層の分断が少なく、このような社会構造は、リーダーとなるべき者の母数を広げる意味でも維持されるべきである。

だが現在、社会全体としては、頭でっかちの高等教育で毒された似非リーダー群に頭を押さえられ、足を引っ張られて、叩き上げリーダーは力を減殺されている。

産業の現場で、「現地・現物」を基本に優れたリーダー人材を育成するメカニズムは、最近のグローバル経済の進展と厳しい企業環境のなかで、ともすれば見失われていくおそれがある。これを、押し留めるとともに、一方では文系リーダーを育成する高等教育を含めた一連の課程を見直し、そこに現場主義の徹底を貫徹させていくことが必要であろう。

文系の学問は、仮説を立てて実験し、その結果を分析して改善を加えるプロセスを繰り返すP

DCA (plan-do-check and action) を回す理系の学問のような教育プログラムが少ない。そのため、問題解決能力を訓練する機会がほとんどない。日本の場合は特に、文献の解釈や知識の習得に時間が費やされ、実際の問題を解決する機会や、ブレーンストーミングによる問題解決能力の訓練が、欧米と比べて圧倒的に少ない。

最近では、教師による一方的講義ではなく、学生が主体的に参加できるような調査、研究、発表、討論などを含む、双方向・対話型の教育手法、教育プロセスが採用されつつあるが、いっそう拡充される必要がある。

戦後の日本に品質管理を紹介したアメリカの統計学者、W・エドワーズ・デミングの高弟で、現在日本で組織マネジメントの改善指導をしているカリフォルニア州立大学名誉教授の吉田耕作は「日本の文系高等教育では、概してPDCAを回して学生の成長を促すプログラムがない。日本の大学にあるのはPPPFだ」と言う。その意味は「プラン、プラン、プラン、アンド、フォゲット。つまり、大学ではプランづくりばかり教わり、後は遊んでいるので卒業の時にはリーダーとしての能力が身についていない」ということだ。

民間企業でも官庁でも、現場主義に徹し、現地現物を踏まえた理論や政策の展開が必要であり、教育訓練の見地からまずは若手に権限委譲し「小さい組織」を任せるなど、次世代リーダーが実際に権限を行使する場を設け、リーダーの責任を自覚させる手法を徹底すべきであろう。

国家官僚の場合も、地方分権による現場主義型のリーダー育成システムの構築が必要である。

かつて歴史学者で元駐日大使のエドウィン・O・ライシャワーは、一九世紀の日本と中国を比較して、科挙制度で人材を中央政府に一元化した中国に比べ、封建制度で幕藩体制を採った日本は幕府が崩壊した際にそれに取って代わる西南雄藩出身の新しいリーダーを供給し、それが中国の近代化の遅れと日本の急速な近代化の差につながったと指摘した。約二五〇の藩に仮に平均四人の真のリーダーが育っていれば、全国で一〇〇〇人の大黒柱的リーダーが存在したことになる。

中央集権システムのなかでは、霞が関は現場から遠く、高等教育で培った机上の理論を現場に活かし、ＰＤＣＡを回す場が少ない。官僚には、地方出先機関や自治体での経験が必要だが、今日の環境からは限界がある。そのような経験を経たリーダーを養成するためにも、道州制を含めた地方分権とリーダー人材の多元的供給システムの確立は、将来の日本のため不可欠の要請であるといえよう。

【注】

1）芦沢紀之「実録・総力戦研究所」（『歴史と人物』中央公論社、一九七二年）。
2）森松俊夫『総力戦研究所』（白帝社、一九八三年）。
3）飯村穣『続兵術随想』（日刊労働通信社、一九七〇年）、高山信武著、上法快男編『続・陸軍大学校』（芙蓉書房、一九七八年）。
4）湯浅博『歴史に消えた参謀』（産経新聞出版、二〇一一年）。
5）Erich Ludendorff, *Der totale Krieg*, Ludendorffs Verlag, 1935.（邦訳『国家総力戦』三笠書房、一九三九年）。
6）種村佐孝『大本営機密日誌』（一九五二年の初版はダイヤモンド社、一九七九年に芙蓉書房から復刻）。

7）猪瀬直樹『昭和一六年敗戦』（一九八三年の初版は世界文化社、二〇一〇年に中央公論新社から文庫版）。
8）一九三八年に評論家の平貞蔵が始めた教育機関。近衛文麿首相のブレーン・トラストといわれた「昭和研究会」の主宰者であった後藤隆之助が塾長を兼ねた。
9）一九八四年に佐々木直ら官公庁OB、平岩外四ら産業人が中心となって発足させた若手人材の養成機関。毎年、中央省庁と産業界から中堅幹部一、二名を原則二年間研究会員として受け入れる。
10）永野護『敗戦実相録』（バジリコ、二〇〇二年）。
11）実松譲『海軍大学教育』（光人社、一九八四年）。
12）Sandra J. Sucher, "Harvard Business School's Sandra J. Sucher on the Value of a Book Club for Executives," *Harvard Business Review*, January 2008.（邦訳「文学を読んでビジネスに生かす」『DIAMONDハーバード・ビジネス・レビュー』二〇〇八年六月号）。
13）村上陽一郎『あらためて教養とは』（二〇〇四年の初版はNTT出版、二〇〇九年に新潮社から文庫版）。

第6章

「最前線」指揮官の条件

日米比較：名もなき兵士たちの分析研究

河野 仁

「バンザイ突撃」の実相

「日本兵は、なぜ、あんなひどい死に方ができたのだろうか」

太平洋戦争に従軍したアメリカ軍兵士は、日本軍兵士による白兵突撃をバンザイ突撃と呼び、だれもがこのような疑問を抱いた。

バンザイ突撃は、日本軍による攻撃作戦の一形態である。歩兵が主体となって夜間ひそかに敵陣地に迫り、敵の不意を突いて銃剣突撃する。日本陸軍が伝統的に得意とした攻撃戦術だが、アメリカ兵士の目には「集団的自殺」と映った。事実、アメリカ軍の公刊戦史などでは、バンザイ突撃は自殺攻撃と同じ意味で使われている。

ベストを尽くしても戦況が不利になれば降伏するという選択肢が与えられていたアメリカ兵に対し、日本兵にそれは許されなかった。たしかに、陸軍の『戦陣訓』では、「生きて虜囚の辱めを受けず、死して罪禍の汚名を残すことなかれ」と、捕虜になることを禁じている。

アメリカ兵は、日本兵が理不尽な命令でも絶対服従するのは、戦場の狂気か、天皇陛下への忠誠や武士道の伝統、仏教・神道の影響、あるいは厳正な軍紀（規律）のせいだと考えた。まったく勝算のない自殺攻撃の命令に服従するのは「勇敢だが愚かな兵士」だ。アメリカ兵たちが、そのような命令に盲目的に服従することはないという。

「降伏より死を選ぶ」日本兵のエートスは、昭和一八年（一九四三）以降のアッツやマキン・タワラをはじめとする数々の玉砕戦、さらに沖縄戦で頂点に至る特攻作戦（アメリカ軍はカミカゼ攻撃と呼んだ）、最終的には「一億玉砕」へとエスカレートする形で体現されていった。だが、日米両軍の兵士が初めて直接対戦したガダルカナル戦では、まだバンザイ突撃という言葉はなかった。初めてこれを見たアメリカ兵は、皆一様に驚いた（章末「ガダルカナル島の死闘——『玉砕』の日本軍、『生還』のアメリカ軍」を参照）。

昭和一七年（一九四二）九月一三日夜、一木支隊第二梯団の一員としてガダルカナル島に上陸した山本一少尉は、第一回目の総攻撃に参加した。アメリカ軍の陣地に迫り、日本刀で斬りつけたとたん、拳銃弾が頭をかすめた。ガ島では、これが初めての、そして唯一の戦闘だった。

山本は、急遽編成された熊大隊の本部付将校として指揮官の水野鋭士少佐と行動をともにしていた[注1]。九月一三日午後八時頃、山本らはイル川（日本側は中川と呼称）上流右岸の密林地帯を出て浅瀬を渡り、左岸を上がって草原地帯を抜けた。剣道の有段者だった山本は、突撃に備えて持っていた拳銃は置いて、日本刀だけを背負っていた。

夜間の白兵突撃を成功させるには、入念な偵察が鉄則である。昼間に偵察をした別の少尉は、暗闇で道に迷わないように突撃路に白木綿糸を張った。部隊はその細い糸をたぐりつつ進み、後続の兵士もノロノロと前進していたところへ、敵の猛烈な斉射を受けた。敵の機関銃弾が「前後左右の草の葉を鳴らしてピッピッと金属音を発して飛び交う弾風が両頬に熱く感じられ、身動きできなかった」という。

「そりゃあね、怖いですよ。怖くないなんてのは嘘つきですよ」

山本は当時の心境をこのように語る。ところが、射撃のパターンに慣れてくるとそれほど恐怖を感じなくなり、銃弾を避けてうつ伏せになっている間に居眠りをしてしまうほどだった。

彼自身最も恐怖を感じたのは、総攻撃に向かう前に川口清健《きよたけ》少将から将校訓示を受けた時である。相当の損害が見込まれ、戦闘後には「いまの顔触れはありえない。諸官の健闘を祈る」という言葉を聞いて背筋が寒くなり、思わず武者震いをしたという。山本にとっては生まれて初めての戦闘だった。

第二梯団の一員として戦闘に参加した原田昌治上等兵は、「総攻撃の時は、銃に白い包帯を巻いて、着剣して、いつでも白兵戦ができるような態勢で臨んだ」と言う。包帯を巻くのは弾を一発も撃たないからであり、血糊で手が滑らないようにするためでもある。弾薬を装填しないのは撃てば敵に知られるからであり、一発も撃たずに飛行場に肉薄して陣地を取る作戦だった。攻撃意図の秘匿により敵の意表を突くのが夜襲成功の要件なのだ。

第二梯団の中瀬清造兵長は、鉄条網の下を潜って入り込んだ敵陣地内で、敵兵が弾薬をトロッコで補充しているのを見て驚いたという。

「だから一晩じゅう、何ぼでも撃てるんだね。これじゃ勝てるわけないさね。もう、とにかくそこらじゅう撃つわけだ。そうして俺らが動けないうちに、撤退の命令が来たんだ」(注2)

原田や中瀬らは、仕方なく、生き残った少数の戦友たちと攻撃開始地点に引き返した。指揮官の水野少佐は戦死し、攻撃は失敗に終わった。

第一梯団の一員としてガ島に上陸し、直後の戦闘で負傷した岡田定信軍曹は、この作戦を次のように振り返る。

「いまにして思えば、なんてバカな作戦だと思うでしょうけど、我々にはそれしかなかったんですよ。昼間正面からまともにぶつかって勝てる敵じゃないですよ、装備が全然違うし。白兵突撃しかないですよ」

一方、日本軍の主力部隊の攻撃を真正面から受けたメリット・エドソン大佐率いる第一海兵強襲大隊の精鋭部隊は、ヘンダーソン飛行場の南で、密林地帯から攻め上がってくる日本軍を迎え撃つための防御陣地を構築していた。(注3)

戦闘後に「血染めの丘」と呼ばれたエドソンの丘(日本軍側の呼称はムカデ高地)の上にあった戦闘指揮所は、アレキサンダー・バンデグリフト少将のいる第一海兵師団司令部から一〇〇メートルも離れていない。飛行場を守るアメリカ軍の最後の防御線の要となる陣地である。

丘の上には主力の機関銃陣地を配置し、丘の南端の左右の谷にはそれぞれ一・六キロメートルにわたって一個中隊を配し散兵線を敷き、二人用の掩蔽壕《えんぺいごう》を約一八メートル間隔で設け、終夜交代で警戒する。最前線の歩兵部隊の兵士は、缶詰糧食の空き缶に小石を詰めて鉄条網に吊るしておいた。その音が日本軍の襲撃を知らせた。

夜襲攻撃を受けた海兵隊の兵士たちは必死に応戦した。なかには疲労と恐怖で茫然とうろつき回る兵士もいたが、エドソン大佐は「お前たちになくて、あの連中にあるものはガッツだけだ」と叱咤激励した。

本稿で考察の対象とするのは、このような現場の指揮官たちのリーダーシップ体験である。軍隊では、師団長や連隊長などの高級指揮官が戦略的な判断を下し、分隊長や小隊長・中隊長たちがこれを戦術レベルで指揮する。彼らは最前線で、兵士たちを実際に率いて攻撃をしかけたり防御陣地で敵の攻撃を阻止したりと、泥臭い戦術の実行を担う。実際に戦闘を体験し、戦場での葛藤を生き抜いた日米両軍のリーダーの証言からは、生死を賭けた戦場でリーダーにはどのような能力や資質が必要なのかが浮かび上がり、日米のリーダーシップの違いが明らかとなる。

戦場の恐怖と対処法

生死を賭ける戦場において、死や負傷への恐怖はつきものだ。しかしながら、現場指揮官が恐怖心に押し潰されれば戦闘行動に支障を来す。ガ島の最前線で戦った日米の指揮官たちは、どのように恐怖心を克服したのだろうか。

ガ島で初めて実戦を経験することになったアメリカ軍兵士の例を見てみよう。アメリカル師団一六四連隊のジェームズ・フェネロン軍曹は、一四歳の時にノースダコタ州の州兵に志願入隊した。訓練歴は長いが実戦体験はなく、ガ島の戦闘が初めての実戦だった。彼は、戦場では「恐怖心は常にある」と率直に認めるが、部下を統率する責任も自覚していた（アメリカ軍では、下士官が小隊長を務めることも多かった）。

「自分に与えられた仕事をきちんとして、戦友を守って、しかも所定の任務を果たす。恐怖心はいつも背中にへばりついてるよ。前線にいればなおさらだ。敵も味方も同じさ」

フェネロンは、怖気づくとロザリオを取り出して祈ったという。

「アメリカ軍の兵士で、戦場で祈ったことがないなんて奴は嘘つきだよ」

祈りは戦場の兵士に精神的安寧をもたらした。事実、下士官の七〇%、将校の六二%が、激戦の時は神への祈りが「とても役立った」と答えている。

アメリカル師団一三二連隊の分隊長だったリチャード・キャスパー軍曹は、初めての実戦体験で、恐怖心のあまり尿失禁を経験した。ジャングルのなかをパトロールしていた時のことである。初めて敵の小銃弾を浴びたが、密林の奥深くで敵の姿はまったく見えず、倒木の陰に隠れたものの、どうしていいかわからない。一二人の部下たちは指示を求めてキャスパー軍曹を凝視している。

「その時、初めて失禁したんだ」

戦闘経験を積めば積むほど、兵士は恐怖心を感じなくなるというわけではない。恐怖心を常に覚えながら自分なりの対処方法を体得し、戦闘技能を磨くことで自信をつけていく。

日本兵には戦場での恐怖心を率直に認める者が少ないが、前出の山本少尉と同じく第三八師団二二八連隊の山本正男軍曹も、「それ（恐怖心）はあるでしょう。それがないと言ったら嘘じゃないかな。そら、死の恐怖というのはつきまとってるがな」と、戦闘中の恐怖心を素直に認める。その一方で、山本は、「天皇陛下のために死ぬ」という天皇制のイデオロギーに基づく軍隊での精神教育が、「戦闘における恐怖心から逃れさせる」機能を持っていたと推測する。

彼の恐怖心への対処法は、「どんだけ弾が飛んできても俺は死なんよ」という自己暗示であった。これは、心理的防衛機制の否認に当たる。「いつ死んでもいい」と戦場から生還することを諦める諦観や、生きるか死ぬかは運命によって決まっていると運命論を受け入れることも、このタイプの否認に含まれる。死の恐怖は生への執着から生ずる。「死にたくないから、死ぬことが怖い」のであれば、「いつ死んでもいい」と死を受容することが恐怖から逃れる方法となる。その意味で、山本軍曹が鋭く感じ取った軍隊での精神教育は、献身思想を植え込むことで死の恐怖を否認する方法だった。

同じく第三八師団二二八連隊の古参曹長だった安田幸三は、「弾は怖いとは思わなんだねぇ。当たるまでは」と、自身が負傷するまでは戦闘中に恐怖心などなかったという。恐怖心を無意識下に封じ込めようとする「抑圧」という心理的防衛機制が働いていたのだ。

抑圧していた恐怖心が頭をもたげる場面はほかにもある。先述した一木支隊の原田や中瀬の場合、敵陣に向かって前進している時には感じなかった恐怖心が、撤退命令を受けて後退を始めたとたんに襲ってきた。前進時は無我夢中で「（敵弾が）当たるなら当たれ」という気持ちだが、「下がってくる時は恐ろしいもんだわ」と原田は回想する。

日本軍兵士の心理状態と比較して、アメリカ兵には興味深い特徴がある。フェネロン軍曹のように恐怖心の存在を認めたうえで、それをいかにコントロールして自己の任務を遂行するかが重要だと考えていたのだ。恐怖心の存在自体を認めず、否認や抑圧によって恐怖心をもっぱら受動的に対処した日本兵とは対照的である。

とはいえ、否認や抑圧といった恐怖心への対処法が見られなかったわけではない。艦砲射撃時の神頼みや自分に弾は当たらないという自己暗示、あるいは、どの弾がだれに当たるかは神のみぞ知ると考える運命論など、アメリカ兵にも否認の事例は少なくない。

戦闘ストレスとＰＴＳＤ

どのような対処法を取るにせよ、戦場における兵士は常に死や負傷の恐怖と向き合い、飢えやのどの渇き、睡眠不足、マラリアなどの疾病や感染症に起因する下痢、発熱などの身体症状を経験する。戦場におけるストレスは、戦闘ストレスと呼ばれ、それに起因する身体症状を戦闘ストレス反応という。

第二次世界大戦時の作戦地域ごとに兵士の状況を示すアメリカ陸軍の公刊史料によれば、南西太平洋戦線における兵士の精神病の発症率は、一九四二年から一九四五年までの平均で、一年間に戦闘員一〇〇〇人当たり五・二人である。欧州戦線の二・〇人、地中海戦線の二・八人などに対し、太平洋戦線は二倍以上の発症率だ。また同戦線の特徴として、戦傷者の発生率よりも精神疾患（精神病だけでなく他の精神神経障害を含む）の発症率のほうが高いという傾向も読み取れる。(注4)

イラクやアフガニスタンなどの現代の戦場では、PTSD(注5)や鬱病などの精神疾患の発症率は一〇～二〇％と推測されているが、もちろん第二次世界大戦当時にはPTSDという概念は存在しない。(注6)当時のアメリカ軍では砲弾ショックや戦闘疲労・戦闘消耗、日本軍では戦時神経症と呼ばれていた。

昭和一九年（一九四四）二月から国府台《こうのだい》陸軍病院で精神科医として勤務した斎藤茂太によれば、外地から還送された戦傷病兵中の精神疾患比率は七～八％、アメリカ軍のそれは六％だが、ガダルカナル戦に限っては実に四〇％が精神疾患だったという。(注7)

戦場における指揮官の役割

強度の戦闘ストレスにさらされた兵士すべてが、戦闘ストレス反応を示すわけではない。個人差もあるし、戦闘の状況、戦闘組織内のリーダーシップ、兵士の士気や団結の度合いによって、反応の表れ方は大きく異なる。

今日では、周囲の兵士や指揮官からの励ましや支援などのソーシャル・サポートが、戦闘ストレス反応の抑制と密接に関わっていることがよく知られている。現場の指揮官には、兵士を戦闘へと動機づける一方で、戦闘ストレスから部下を守る役割も求められているのである。

そもそも人間は、だれもが戦場で恐怖を覚え、戦いたくない、死にたくないと考える。ガ島の戦場で兵士たちは、なぜ、自己の生命を失うかもしれないのに戦うことができたのだろう。

先述のフェネロン軍曹は、終戦後、祖母から「戦闘中に国旗や国家のことを考えたことがあるか」と聞かれ、「僕がその時考えていたのは、敵を殺すことと生き残ることだけだよ」と答えたという。

「戦闘中に愛国心などが入ってくる余地はない。機関銃や小銃の弾が飛んでくるし、手榴弾も飛んでくる。敵の砲撃もある。友軍の砲撃や友軍機の攻撃が間に合えばいいが、と考えるだけだ。でも、いったん戦闘が終わり前線から下がると、敵が本国に攻めてくるかもしれないから何とかしなけりゃいけない、俺たちが国を守ってるんだという気持ちになる」

しかしながら、一兵士として戦うのと、指揮官として部下を率いて戦うのでは、戦闘への動機づけが若干異なる。ガ島で小隊長役を務めたフェネロン軍曹が、戦闘中に常に考えていたのは、「与えられた任務をきちんとこなし、部下を守りながらそれをやり遂げる」ことだった。

一方、フェネロンと同じ一六四連隊のジョン・スタナード軍曹は、率直に「戦闘が好きだった」と言う。戦後、准将となったスタナードは、ガダルカナル戦で顔面を貫通銃創で負傷後、ウェストポイント陸軍士官学校を卒業し、朝鮮戦争、ベトナム戦争を経験した歴戦の勇士である。

彼が日頃から闘争心旺盛で戦闘を好む理由は、「アドレナリンが噴出し、胸躍るような感覚」を実戦でなければ味わえないからである。ごく少数ではあるが、戦闘を楽しむ兵士はたしかに存在した。だが、この稀有な個人的性向を除けば、彼を戦闘に動機づけたものは、「任務達成の意識と責任感」だった。

「戦うのが我々の仕事なんだ。ガ島の防御陣地にいるなら、日本軍の攻撃を退けてその防御線を固守する、一歩たりとも譲らない。それが、戦争を終わらせ、帰国する唯一の方法なんだ。そのためのただ一つの手段は勝つこと。そして、生き延びる最良の方法は戦うこと。戦わなければ、負けてしまうし、我々の生存自体も脅かされる。このことが私の主な動機づけだった」

任務の達成、下士官としての義務感と責任感、自己保存の欲求、さらに彼自身の個人特性が重なり合って、ガダルカナル戦当時のスタナードの戦闘意欲を構成していた。

ちなみに、第二次世界大戦中、アメリカ軍兵士を対象に大規模な調査研究を行った心理学者サミュエル・A・ストウファーらがまとめた『アメリカの兵士』(注8)によると、将校と下士官の間には戦闘へと動機づける要因に関してかなりの相違が見られた。

図表7「アメリカ軍兵士の戦闘意欲」は、アメリカ軍兵士の戦闘への動機づけ要因を将校と下士官・兵で比較したものである。「あなたの部下を戦闘へと動機づけた要因は何だと思いますか」という質問に対して、将校の回答は「統率・軍紀」が一九%と最も多く、「連帯感」「使命感・自尊心」「任務完遂」と続く。特に注目したいのは「復讐心」である。太平洋戦線では一八%と、

図表7◉アメリカ軍兵士の戦闘意欲

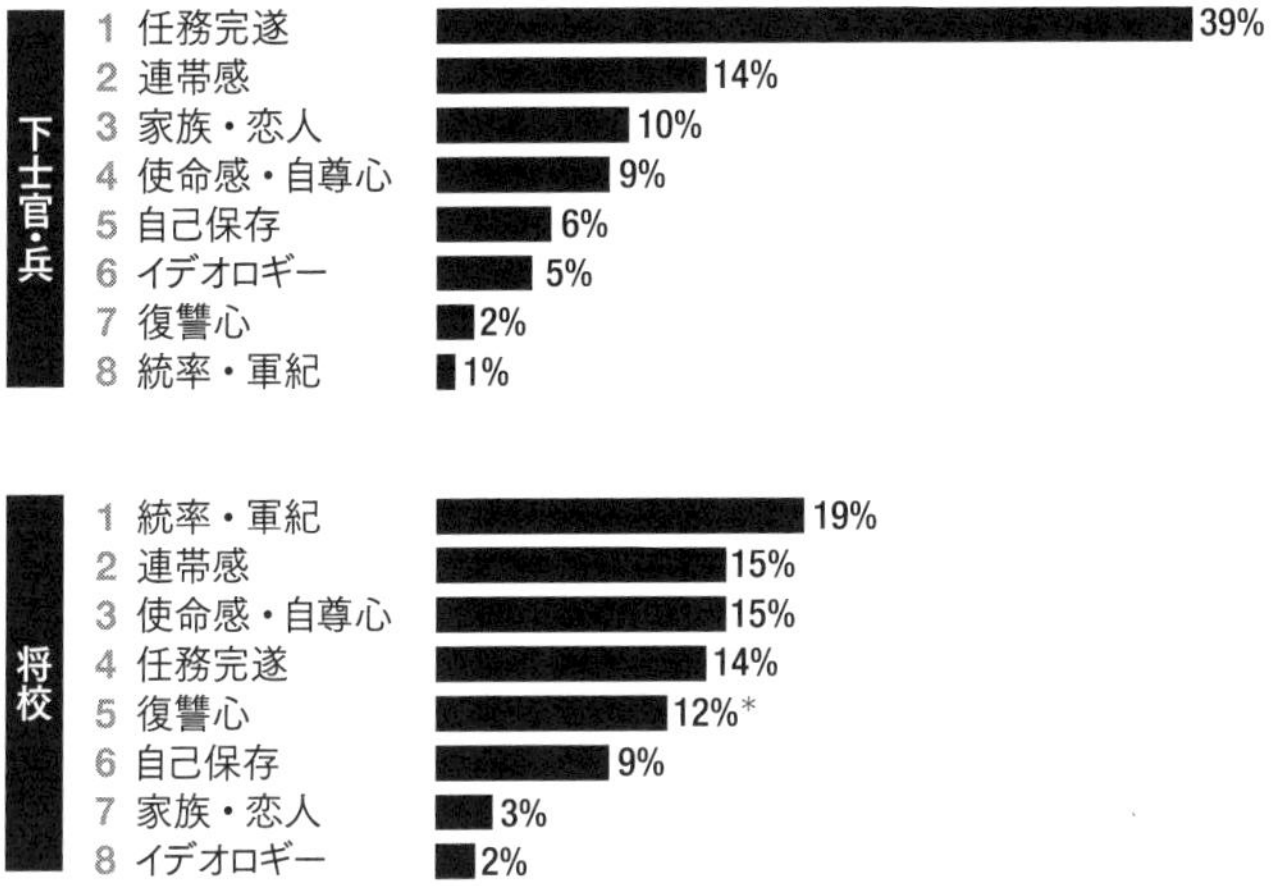

出典：Stouffer et al.,1949,vol.Ⅱ:108.　＊太平洋戦線18％、欧州戦線9％

欧州戦線の二倍である。

　ガ島で初めての実戦を経験した、一三二連隊のフレデリック・ヒッツマン軍曹は、日本兵を視認しながら、どうしても小銃の引き金が引けなかった。そんな彼が、人間的感情を捨てて「殺戮機械」と化したのは、二人の戦友が樹木に磔《はりつけ》にされて殺されていたのを見つけてからだった。

　戦友とは州兵時代からの長いつき合いだった。偵察中に、行方不明になっていた彼らが虐待され、拷問を受けて殺された姿を発見した時、彼は復讐を誓った。ヒッツマンは下士官であるが、復讐心がその後の戦闘における最も強い動機づけとなったことは、部下を殺害された指揮官の心情を代弁している。

　ただし、一般的なアメリカ軍の下士官・

兵の心情は、「任務完遂」が戦闘への動機づけ要因として最も強く、次いで「連帯感」「家族・恋人」「使命感・自尊心」で、「復讐心」は強い要因ではない。

将校、下士官・兵ともに重視していたのは「連帯感」である。筆者のインタビュー調査においても、アメリカ兵たちは「戦友を守る」「一緒に戦う」「部隊への忠誠」「戦友愛」「生き延びるためにはお互いが必要だ」など、表現こそ違え、連帯感が彼らを戦闘へと駆り立てたことを指摘した。彼らは、戦友同士が家族のように感じ、まるで兄弟のような、あるいは兄弟よりも親しい関係にあった、と語るのが常だった。

第一次集団の絆形成と「タテの絆」

日本兵のなかにも、戦友同士の間柄を「親子兄弟以上」と表現する者はいる。一木支隊の桃木清光兵長もガ島での兵士たちの悲惨な生存競争の状況を語る際、「なんぼ親子以上の戦友であっても、倒れたらそれきり」と、戦友同士の連帯感を「親子以上」と表現した。また、第三八師団第二二八連隊の加藤良雄上等兵も毎年の戦友会を楽しみにしており、「軍隊当時だったら、肉親以上」と述べている。

このような戦友同士の強い連帯感を「第一次集団の絆」という。これが、日米両軍の兵士を戦闘へと動機づける重要な要因であったことは想像にかたくない。ただし、日本兵の場合は、それが明確に意識されていたわけではない。戦友相互の連帯感は一種自明のものとして受け止められていたためである。軍隊組織における小集団の成員が共有する独特の強い連帯感の存在は、個人主義社会のアメリカにおいてこそ明確に意識されたのであろう。

一方、戦場における指揮官のリーダーシップは、良好であれば部下の戦闘意欲を促進するが、拙劣であれば戦闘意欲を阻害して士気の低下を招くことになる。またそれは、戦闘ストレスを軽減するソーシャル・サポートの機能も持つ。ここでは日本軍の例から、戦場における指揮官の役割について考えてみたい。

先述した古参軍曹の安田は、昭和一〇年（一九三五）に徴兵検査を受けて名古屋の歩兵六連隊補充隊に入隊後、すぐ満洲に派遣された。昭和一二年（一九三七）の第二次上海事変を経験して第二二八連隊創設とともに転籍し、ガ島では昭和一七年（一九四二）一一月二八日の戦闘で第一中隊の指揮班長を務めて負傷、翌年一月一三日未明に堺台付近の第二拠点で同中隊が玉砕した際、戦況を大隊長に報告するため敵の包囲を突破して生還を果たした。

安田は、上海戦で功六級金鵄《きんし》勲章を授与されたが、自己の働きに特筆すべき点はなく、「ただもう無我夢中で撃ち合いやるだけやね。小隊長の言う通りに戦争やってくるだけやしね。分隊長は小隊長の言う通りやっただけですよ」と当時を振り返る。一〇人ほどの部下を持つ分隊長として、部下の士気を高めるために何をしたかと聞くと、「そんな余裕あらせん。毎日、生きるのが精いっぱいでね。ああ、だから、戦争は一日一日終わると、今日も命あったなあ、今日も生き延びられたなあって思うだけでね」と謙虚に答えた。ガダルカナルの戦いは、自分の経験した戦闘のなかで「いちばんひどかった」戦闘だったという。

小隊長が戦死し、安田（当時伍長）が負傷した時は第三小隊長を務めていた。負傷するまでは恐怖心を感じなかった安田だが、戦闘が激しくなり戦死者や負傷者が続出すると、散開していた兵士たちは次第に安田のほうへ近寄ってきた。兵士が一カ所に固まると敵からの攻撃を受けやすいので「離れろ、離れろ」と命じたという。小隊長からの命令通りに動くことと、分隊の兵隊の面倒を見るので精いっぱいだったと安田は言うが、部下の兵士たちが隊長を信頼し近寄った現象に、彼らの戦場心理が表れている。

同じ連隊の川井惣市兵長は、アウステン山（アメリカ軍呼称はギフ高地）に陣取り、アメリカ軍に包囲されていた第二大隊によるバンザイ突撃を経験した。軍刀を右手に拳銃を左手に持って進む鶴田末春第六中隊長を守りつつ、銃剣を携えて後に続いた。午後一一時の突撃開始後、猛烈なアメリカ軍の集中砲火を浴び鶴田中隊長は戦死した。川井は敵のトーチカに手榴弾を投げ込み、敵兵二名を殺傷させた後、敵包囲網を脱出した。第六中隊の二三名中、脱出に成功したのは七名だけだったという。

せっかく脱出に成功した川井は、ガ島からの撤退に合流できず、昭和一八年（一九四三）二月三日、負傷とマラリアのため人事不省に陥ったところをアメリカ軍に発見され、捕虜となった。（注9）

川井は、普段から上司が部下を可愛がっていれば、兵士は「分隊長とか、隊長のために、自分の命を捧げる気持ちになる」と言う。「この隊長のためなら死んでもいい」という兵士の心情は、日本軍に特徴的な上官と部下の間に形成される第一次集団の「タテの絆」を象徴している。

戦場におけるリーダーシップの原則

先述のスタナード軍曹は、戦場における統率の原則について、「一般的には、部下の面倒をよく見て戦闘が満足にできるようにする。常に小隊の先頭にいて部下を率い、部下と同じ危険に身をさらし、何がどうなっているかを見極め、範を垂れる」ことが大事だと言う。さらに、「恐怖心を持ってもいいというのは後の時代の話だ。前線の指揮官が恐怖心を見せながら部下の尊敬を維持することは難しい。恐怖心は覚えても何とかコントロールして部下に見せないようにする必要がある」とつけ加えた。

指揮官としての体面を保つためには、泰然自若として、あるいはそのように部下に見せる「印象管理」を行うことが重要である。

戦場における「統率の原則」は、筆者が調査した下級指揮官レベルでは、日本軍もアメリカ軍もほぼ同じである。第一の原則は、部下の生命保護である。前出の一三二連隊のヒッツマン軍曹は「部下（の生命）を保護することが指揮官の務めだ」と断言し、そのうえで率先垂範を実行した。「自分ならしないこと、あるいは自分がしたことがないことを部下にさせない」ことが、アメリカ軍の下級指揮官たちの統率の信条なのである。

第二の原則は、率先垂範である。これは日米両軍だけでなく、世界共通の原則である。一三二連隊のロバート・マニング大尉はこう語る。

「歩兵部隊はだれもしゃべりゃしないんだ。前に出て連中を引っ張っていかなくちゃ。前に出て(自分の行動が)部下に見えるようにしなくちゃいけない。だから、小隊長がいちばんやられる率が高いんだ。でも、それが僕の唯一のやり方だったし、いまでもそれが正しいと信じてるよ」

ちなみに、朝鮮戦争(一九五〇~五三年)時に韓国陸軍の師団長だった白善燁《ペク・ソンヨップ》元陸軍参謀総長は、率直に戦場では恐怖心があることを認めたうえで、その恐怖心を克服するのは指揮官としての責任感であり、「統率の原点は『率先垂範』です。これは、約一〇〇〇日にわたる激戦を通じて、血を流しながら得た私の教訓。これが結論です」と語っている。「自分ができないことを部下に強要するな」というのが白将軍の口癖だったという。[注10]

第三の原則は、部下の世話である。これについても、文化の枠を超えて普遍的な統率の要素であろう。第二海兵師団のライル・シーツ軍曹は、常に「配給品のビールやキャンディ」を、さらに休暇があれば「外出許可証」を十分確保することに留意し、部下が疲れていれば見張り番を代わり、腹が空けば身銭を切ってサンドイッチを調達したという。部下たちの面倒をこまめに見ることが、指揮官への信頼感と親近感を増幅することは、洋の東西を問わず同じである。

第四の原則は、意思疎通と情報の共有である。これについては、日米の文化的相違が見られる。

民兵制の伝統を持つアメリカの州兵部隊では、かつて指揮官は兵士が選挙で選出した。下士官たちも、部下の意見を聞いたうえで最終的に意思決定をした。「話し合い、意見を聞き、率直に議論をする」ことが彼らの意思決定の方法だったと、一三二連隊のロバート・マーキー軍曹は言う。基本的には、将校たちも同じ方法を採っていた。また、下士官は将校に対して、発言の仕方に配慮しつつも自由に意見を述べていた。

一方、日本軍では、意見具申はなされたが、アメリカ軍ほど自由に意見を述べるものではなかった。アメリカ軍の下士官が情報を部下に伝えるように心がけていたのに対し、日本軍の将校は、作戦に関する情報を部下と共有せず、「俺を信頼してついてこい」というリーダーシップ・スタイルを取ることが多かった。

統率の失敗

戦場でのリーダーシップに関しては、とかく成功例ばかりが強調されるが、日米両軍ともに失敗例も多い。前述のヒッツマン軍曹によれば、将校を隊長として偵察に出た際、「敵が撃ってくるとすぐ逃げ隠れする」将校もいたという。実戦で偵察の経験がない将校に見られる事例である。逃げた将校がしばらくして帰ってくると、両者とも無言のままである。その無言のうちに「将校は教訓を学ぶ」のである。

ある日、将校から偵察隊を指揮するように命令され、ヒッツマン軍曹は拒否した。敵の罠だと思ったからである。「部下の保護」を統率の原則とする彼は、部下の生命が危険にさらされることを承知で偵察に出ることはできなかった。そのせいで、ヒッツマンは一等兵に降格された。次の日、再び偵察を命令されたが、「俺は兵卒だから偵察隊の指揮はできない」と拒否した。今度は、軍曹に昇格したという。

このように、アメリカ軍の小隊は、実質的に下士官たちが指揮していた。下士官たちが実戦経験を積めば積むほど、本土から送り込まれる実戦経験のないOCS（士官候補生学校）出身少尉との実戦指揮能力の格差は顕著になった。特に、ジャングル内での偵察任務の要領は、アメリカ軍の教範になく、実戦での経験が物を言う。

ごく少数のエリート将校であるウェストポイント出身者にも、統率の失敗はある。ROTC（予備役将校訓練課程）出身で一六四連隊の将校だったチャールズ・ウォーカーは、ウェストポイント出身の連隊長の飲酒癖を問題点として指摘する。

「将校の二人に一人はアルコール依存症」という彼の推測は誇張だとしても、アルコール漬けになっていた連隊長の奇怪な行動が、前線では深刻な問題を生んだ。フィリピン戦線では、酔っ払った連隊長のせいで、部下八名の命が奪われた。当時、大尉だったウォーカーは、連隊本部の中佐と連名で連隊長の飲酒問題について上申書を提出したが、ウェストポイント出身の師団長が後輩をかばってこの件を不問に付したという。

ガダルカナル戦では日本軍にも、下士官や兵士を統率すべき立場にある将校が戦場離脱を疑われる事件が起きている。一木支隊第一梯団が昭和一七年（一九四二）八月二〇日夜半から二一日にかけてほぼ全滅した際、二名の将校がいち早く戦場を離脱し、上陸地点のタイボ岬まで退却していた。笠井武雄ら兵士たちは、これを戦場離脱と見なしていた。

「将校でも、悠々一日ぐらいで戦線を離脱してるのがおるわけ。もう早い。もう二〇日から始まって、夜中から始まってもう早めに、もうこれは駄目だと思って、まあ上陸地点に下がったんだろうけんど。将校がその戦線を離れたちゅうことでね。将校は、ほれ兵隊やら下士官やら、兵隊を統率せならんしょ。そういう人がね、やったって、だいぶん問題になったみたいね」

ガダルカナル戦に最後に投入された第三八師団では、大隊長の性格に問題があった。第二二八連隊の第一機関銃中隊長だった中島鐐一《えいいち》によれば、戦線が膠着するとみずから第一線に出て小隊長を叱咤激励する勇猛果敢な大隊長であったが、無理な突撃を力ずくで命じられる部下はやけになり、「ええい、死んだれ」という気持ちになって突撃し、戦死したり重傷を負ったりすることが多かったという。

別の部下はこの大隊長を「無茶苦茶言う人がある」と言う。同じ第二二八連隊第一中隊の中川（旧姓岡田）昌宏伍長は、「兵隊を殺そうが何しようが、一拠点を奪取せよっていう指揮官がおりましてね」と、この大隊長の指揮統率ぶりを振り返る。

ガダルカナルの戦いに先立つオランダ領インドネシア諸島のアンボン島攻略戦において、中川の所属する中隊は二人の小隊長を失う激戦のなか、「もうこれ以上進撃できんのに、（有線電話で中隊長を罵倒し）ガンガンやった人」だったと中川は振り返る。

ガ島やニューギニアといった太平洋戦線において極限状況に置かれた指揮官は、その人間性を部下の前に露呈することになり、「印象操作」にも限界がある。中川は、生と死の境界に置かれる究極の場面において、兵士や指揮官の人間性の表れ方は「両極端に分かれる」と断言する。階級を笠に着て「自分さえよければいい」と利己的になる指揮官と、あくまでも「部下を思いやる」優しく立派な指揮官のどちらかだ。我先に逃げたり、部下の食べ物まで独り占めしたりするような指揮官を失格と見た中川は、的確な指示を出し、かつ人間的な情操豊かな指揮官を理想とし、自身も分隊長としての任務を全うすること、同時に犠牲者を少なくすることを常に考えていたという。

「人情課長」に見る日本的リーダーの条件

昭和二八年（一九五三）から継続する『日本人の国民性調査』（統計数理研究所）の結果や、統計学者の林知己夫《ちきお》たちが実施したリーダー像に関する国際比較研究の結果(注11)を参考に、日米両軍の望ましい指揮官像の相違を見てみよう。

『日本人の国民性調査』では、次のような質問で調査をしてきた。

「ある会社に次のような二人の課長がいます。もしあなたが使われるとしたら、どちらの課長に使われるほうがよいと思いますか」

選択肢は二つである。

●規則を曲げてまで無理な仕事をさせることはありませんが、仕事以外では人の面倒を見ません。
●時には規則を曲げて無理な仕事をさせることもありますが、仕事以外でも人の面倒をよく見ます。

ここでは、前者を「淡白課長」、後者を「人情課長」と呼ぶことにする。

調査結果は一貫して、人情課長に対する高い支持を示している。調査対象となった日本人の八割以上が、常に人情課長を支持してきた。しかしながら、国際比較の結果は、人情課長に対する支持率が最も高いのが日本（八七％）で、次いでオランダ（七八％）、西ドイツ（六九％）、フランス（六四％）と続き、アメリカ（五一％）はイタリア（四八％）に次ぎ支持率が低い。

また、望ましいＰＫＯ（国連平和維持活動）隊長のイメージについて調査したところ、隊員から支持される隊長の条件として、「面倒見がよい」「思いやりがある」「率先して引っ張ってくれる」などが挙げられ、逆に「自分勝手」な隊長に対しては否定的なイメージが持たれている。

以上の調査結果から、淡白課長の支持が高いアメリカに対し、日本では人情課長が旧軍の軍隊組織においても、また、現代の軍事組織や一般社会においても、部下から好まれる上司のタイプであることがわかる。部下の面倒見がよく、思いやりがある上司とは、後述するように、部下のことを親身になって考える「共感力」のある上司といえるだろう。

権威の葛藤

戦場における指揮と統率では、戦闘組織において不可避的に発生する、権威の葛藤（authority conflict）も重要な問題である。これは、公式な権威と非公式な権威との対立・齟齬《そご》であり、「公的組織における地位や役割に付随する権威」と「組織成員の間で共有された実務能力についての非公式な評価に基づく権威」とが不一致、あるいは緊張関係にある状態をいう。たとえば、戦闘組織においてよく見られるのは、実戦経験のない新米の小隊長と、数々の戦闘の修羅場をくぐり抜けてきた古参軍曹との間で意見が食い違うような、両者の間の確執である。この問題は、軍事組織に限らず企業でも見られる。他部門から異動してきたばかりで新しい部署の業務内容を知らない上司と、古参社員の部下の意見が食い違う状況は、まさしく権威の葛藤である。

一六四連隊のフェネロン軍曹がガ島上陸後一～二カ月して、新任少尉が小隊長に着任した。彼はＯＣＳ出身の即席将校で、実戦経験はまったくない。分隊長のフェネロンは、それまで小隊長の代行役を務めていた。ある時、新任の小隊長は、防御陣地前の鉄条網を設置するようフェネロンに命令した。教範通りの悠長な作業など危険すぎてできないと思ったフェネロンは、「あのな、よく聞いとけ。あと三〇日この島で生き延びたかったらそこにじっと座ってろ。部下を一人も負傷させたり死なせたりせずに鉄条網をちゃんと設置してやるから」と啖呵を切って拒否した。新任小隊長は激高したが、中隊長はフェネロンを支持したという。

ガ島ではこのような形で、新任小隊長は実戦における部隊指揮の方法を苦々しく学んでいった。時には、新任小隊長が一時的に権限を部下に委譲して、教範に記載のない指揮の方法を実戦で学ぶこともあった。いつまで経っても実戦経験豊富な部下から信頼を勝ち取れない指揮官は、部下の意見具申によって淘汰された。これも、民兵の伝統を持つアメリカ陸軍流の組織運営の方法である。

権威の葛藤は、日本軍でも生じていた。古参曹長の安田は、分隊長が小隊長の命令に服従しないなどありえない、と原則論を強調するものの、実戦経験のない新任小隊長の下で作戦を実行する際は意見を述べたと言う。

「小隊長、そんなことやったらあかんで。こうしたほうがええ、ということは言うね。ちょっと無理だなあと思うことは意見具申するね」

「命令に服従せんというわけではないけど、いわゆる意見具申だわな。そういうこと言わんとな、言わんと自分もたんで。小隊長の判断で、いくら命あっても足らせんで」

ガダルカナル戦で安田は第一中隊の指揮班長を務めたが、意見具申が恒常化すると、小隊長と協議しながら作戦指揮に参画するようになっていった。

納得できない命令が出された場合、いったん従うものの、自分のやり方を通す者もいた。前出の山本軍曹は、「そうしないと、俺らの部下一〇名なら一〇名、これ、巻き添えにすることになるから。殺されることになる。補充利かんから」と、部下の生命保護の大切さを強調する。山本軍曹は、無能な指揮官に厳しい。未経験な上官の場合には、「あんた、間違ってるよ」と進言したという。

戦況判断を誤り、攻撃命令を出した小隊長でも、部下からの信頼が厚いと、部下が無言で足にしがみついたり、あるいは体を押さえ込んだりして小隊長の命を守った。一方、信頼されない小隊長は部下から見殺しにされた。軍刀を抜いて部隊の先頭を走る指揮官に、部下が皆ついていったわけではない。軍紀の厳しい日本陸軍といえども、信頼できない指揮官には絶対服従とはいかなかった。

昭和一八年（一九四三）一月一四日にアメリカ軍の包囲攻撃を受け、ガ島で玉砕した三八師団二二八連隊一〇中隊長の若林東一中尉が残した「部下を持ちて」と題する日記には、次のようなくだりがある。

「部下にさからひの気配ある時／弾丸の中にて部下　行かざる時／かならず　部下を叱るな／おのれの徳／おのれの勇／未だ　足らざるを思へ」

当時、軍神と仰がれた指揮官であっても、戦場での統率にはさまざまな困難が伴っていた。

現代の戦場指揮官に求められる資質

最後に、現場におけるリーダーシップの今日的問題を考えてみたい。

現代の戦場ともいえるイラクやアフガニスタンで行われている軍事作戦は、ＣＯＩＮ作戦（反乱鎮圧作戦：counter-insurgency operation）と呼ばれている。これには作戦地域住民の民心掌握が重要であり、戦闘部隊の指揮官には軍事専門能力だけでなく異文化理解力、すなわち現地の政治・経済・社会・宗教等の幅広い知識が求められる。

現代の軍事組織の任務は、国土防衛だけでなく、国際平和協力活動や人道復興支援、大規模災害派遣、国際テロやサイバー攻撃への対処などますます多様化し、他国軍との共同作戦にも従事するようになっている。自衛隊も、一九九〇年代以降、カンボジア、モザンビーク、ゴラン高原、東チモールなどでのＰＫＯや、トルコ、タイ、インドネシア、パキスタンなどにおける国際緊急援助活動、九・一一後のイラク人道的復興支援活動や、インド洋での補給活動、アデン湾での海賊対処活動など、任務の多様化が目覚ましい。

さらに、二〇一一年三月一一日に発生した東日本大震災では、史上最大となる一〇万人を超える自衛官を動員して、地震・津波被害後の人命救助、行方不明者の捜索、各種物資の輸送支援、給水・給食などの生活支援、また応急復旧支援活動を行う一方で、原子力災害でも放水・給水・除染等未曾有の国難に対処した。

被災した住民を支援したのは自衛隊だけではない。たとえば、オーストラリア軍は〈C‐17〉輸送機による陸自第一五旅団（那覇）の輸送支援を、韓国・タイは〈C‐130〉輸送機による救援物資の輸送支援を実施した。また、イスラエル軍は医療支援チームを宮城県南三陸町に派遣している。

なかでもアメリカ軍は、最大動員数一万六〇〇〇人、艦船一五隻、航空機一四〇機を投入する大規模支援活動「トモダチ作戦」を発動した。海兵隊と陸軍共同の仙台空港の復旧、JR仙石線の復旧（ソウル・トレイン作戦）、空母〈ロナルド・レーガン〉による行方不明者捜索や救援物資の輸送支援、海軍の揚陸艦〈トートゥガ〉による北海道陸自部隊の輸送支援、港湾での復旧作業支援など、内容は多岐にわたるが、今回の活動はその質に特徴がある。

宮城県気仙沼市大島で港と小学校の清掃を要請された時は、港の復旧を優先して島民の生活面での自立を支援しようとした。海兵隊の中隊長は「学校を片づけるのも大切だが、いつまでも人の助けを受けていたら島民も肩身が狭いだろう」と語ったという。

アメリカ軍は、長期的な視点から相手の立場に立って、本当に必要な支援は何かを考え、地元の将来を慮り自立支援を選択した。東北方面総監部で政策補佐官を務め、発災直後から被災地の現場で活動する自衛隊の各部隊を見てきた須藤彰はその姿勢に感動したという。（注12）

約一〇年にわたるCOIN作戦の経験と教訓の蓄積が、これまでとかくエスノセントリック(自民族中心主義的）な傾向のあったアメリカ軍組織を、文化相対主義的な方向に転換させた。その結果、近年、アメリカ軍の指揮官には「相手の立場に立って考えること」ができるかどうかが問われている。特にCOIN作戦のようなケースでは、自己の感情を自覚・制御するとともに他者の感情を理解し、他者との関係を良好に保つことのできる能力、言い換えれば、高いEQ（心の知能指数）が求められるようになってきた。

二〇〇六年、二十数年ぶりに全面的に改訂されたアメリカ陸軍のCOIN作戦に関する野戦教範（Counterinsurgency FM3-24）では、反乱分子の殲滅《せんめつ》優先ではなく、住民を味方につけることを最優先する、住民中心主義（people-centered approach）への転換を促した。小部隊指揮官には、作戦地域であるイラクなど他国の文化を理解する異文化理解力を要求し、自己の発する言葉や何気ない行動が異文化圏の人々に誤解を与える可能性があることを常に意識すること(自己認識力）を求めている。

この改訂の中心的人物だったデイビッド・ペトレイアス将軍（現CIA長官）が第一〇一空挺師団長（イラク駐留）だった時の口癖は、「君は今日、イラク人のために何をしたのか」だったという。

さらに、同じく二〇〇六年に改訂されたリーダーシップ（統率）に関する野戦教範（Army Leadership FM6-22）では、戦闘指揮官に必要不可欠の資質として、「共感力」（empathy）が明記された。部下を思いやり、現地住民とともに行動し、他国軍兵士に気配りをする現場の指揮官、これこそ、「人情課長」として伝統的な日本的リーダーに求められてきた資質にほかならない。それは、心理学者のダニエル・ゴールマンらが唱導する「共鳴型リーダー」の備える資質でもある。(注13)

第二次世界大戦時と現代の戦場で最も大きく異なるのは、アメリカ軍では人種統合・ジェンダー統合が進んだことである。九〇年代半ばからの懸案事項だった同性愛者の入隊も、二〇一一年に正式に認められ、アメリカ軍組織内の多様性はますます増大している。同時に、COIN作戦に象徴されるように、アメリカ軍の作戦任務も変化してきた。

このような組織を取り巻く環境の変化や任務の多様化を受けて、民間企業ですでに進んでいるダイバーシティ・マネジメント戦略にヒントを得て、「ダイバーシティ・リーダーシップ」という概念の下で、将来のアメリカ軍組織におけるリーダーシップのあり方を見直そうとする動きがある。(注14)現代の戦場指揮官には、部下の持つさまざまな多様性を活かして組織のパフォーマンス向上を図る、ダイバーシティ・マネジメントの能力も不可欠になってきているのである。

【注】

1）陸戦史普及会『ガダルカナル島作戦』（原書房、一九七一年）、山本一「ガ島への先陣『一木支隊』の戦歴」（『丸 別冊第5号 最悪の戦場：ガダルカナル戦記』一九八七年）。

2）NHK戦争証言プロジェクト『証言記録 兵士たちの戦争②』（日本放送協会、二〇〇九年）

3）John L Zimmerman, *The Guadalcanal Campaign*, Lancaster Publications, 1949.
4）Office of the Surgeon General, US Army, *Neuropsychiatry in World War II*, Vol.II, 1973.
5）Posttraumatic Stress Disorder（外傷後ストレス障害）。ベトナム戦争後の一九八〇年にアメリカ精神医学会による診断名として初めて使われた概念。
6）Terri Tenielian and Lisa Jaycox, eds., *Invisible Wounds of War: Psychological and Cognitive Injuries, Their Consequences, and Services to Assist Recovery*, Rand, 2008.
7）斎藤茂太「戦争と私」（非売品の浅利利勇編『うずもれた大戦の犠牲者——国府台陸軍病院・精神科の貴重な病歴分析と資料』一九九三年に収録）
8）Samuel A. Stouffer, Edward A. Suchman, Leland C. DeVinney, Shirley A. Star, and Robin M. Williams, Jr., eds., *Studies in Social Psychology in World War II: The American Soldier. Vol. 1 Adjustment During Army Life*, Princeton University Press, 1949.
9）川井惣市『ガダルカナル 稲垣大隊勇戦奮斗決戦篇』（私家版、一九九三年）。
10）白善燁「実戦に聴く」（『セキュリタリアン』二〇〇二年一〇月）、白善燁『指揮官の条件』（草思社、二〇〇二年）。
11）林知己夫他「日本における長のイメージ」（『INSS Journal』vol.3、一九九六年）。
12）須藤彰『東日本大震災 自衛隊救援活動日誌』（扶桑社、二〇一一年）。
13）Daniel Goleman, *Emotional Intelligence: Why It Can Matter More Than IQ*, Bantam Dell Publishing Group, 1996.（邦訳『ＥＱ：こころの知能指数』講談社、二〇〇六年）は世界的ベストセラー。
14）Military Leadership Diversity Commission, *From Representation to Inclusion: Diversity Leadership for the 21st-Century Military*, 2010.

ガダルカナル島の死闘――「玉砕」の日本軍、「生還」のアメリカ軍

繰り返された「バンザイ突撃」

昭和一七年（一九四二）一〇月上旬、ガダルカナル島に上陸した日本軍第二師団主力は、一〇月二四日深夜から二五日にかけて、第二回目の総攻撃を行った。この攻撃を受けたのは、アメリカ海兵隊と陸軍アメリカル師団一六四連隊の兵士たちである。彼らは、日本軍の「バンザイ攻撃」に面食らいながら必死に反撃した。部隊の守備位置は、ヘンダーソン飛行場から南東約二キロメートル地点にあり、南に面した陣地前はテナル川に続く草原だ。日本軍の攻撃は、右手（西側）のジャングル方向からしかけられた。

翌朝、防御陣地前の狭い一角だけで日本兵の遺棄死体は九四一を数えた(注1)。あまりに多くの死体を目にしたアメリカ軍兵士たちは、この場所をいつしか「コフィン（棺桶）・コーナー」と呼ぶようになる。

第二師団第二九連隊第一一中隊長だった勝股治郎大尉は、当時の状況を書き記している(注2)。当初の計画では、一〇月二〇日午後五時に攻撃を開始する予定だったが、移動に手間取り数度にわたって延期され、結局、四日遅れの一〇月二四日に攻撃命令が出された。歩兵中隊は小銃、銃剣、弾薬一五発、手榴弾二個、防毒面、背負い袋のみを携行し、その他の荷物は捨てた。「夜襲は奇襲の方法を採り、地下足袋を使用して最も隠密に白兵突撃する。之《これ》が為

突撃成功迄《まで》は一発の射撃をも禁ずる」というわけだ。

勝股は、軍刀を持って攻撃に参加した。折からの豪雨《スコール》に乗じて、予定時間よりも早く、午後三時三〇分に攻撃行動を開始した。午後一〇時三五分、勝股の指揮する第一一中隊は飛行場を防御するアメリカ軍機関銃陣地の一〇〇メートル手前まで近づいた。攻撃部隊の先頭だった第九中隊は、暗闇のなかで大隊主力から一時はぐれてしまい、攻撃開始直前に主力と合流した。

その時突然、前方右側からアメリカ軍の機関銃が火を噴いた。勝股には、「火の槍」のような曳光弾が、消防ポンプのホースから水が出ているように見えたという。

日本兵がだれもいないところに三〇秒から一分間連射、数秒休んでまた連射を繰り返す。勝股は「だれもいないのにずいぶん馬鹿な撃ち方をするんだな」と感じ、敵陣地を制圧してから突撃を開始すべきと考えたが、一発の弾丸も射ってはならないと命じられていたので、やむをえず、白兵突撃を敢行した。

声を出さず、手で合図を出しながら敵陣地に近づくと、だれかが「わあ」という喚声を上げた。大声を出して制したが喚声はやまず、勝股は突撃開始を命じた。先頭を切って鉄条網を乗り越えようとした時、機関銃弾で鉄帽を飛ばされ負傷した。気を取り直して「いまから鉄条網を乗り越える。第一一中隊は皆ついて来い」と叫び、鉄条網をまたいで敵陣地内に侵入した。

雨はやみ、月明かりで鉄線は一本一本よく見えた。すでに午後一一時に近かった。敵の機関銃の射撃音に合わせて大声で「第一一中隊集合」と叫び続けた。敵前約四〇メートル。ほとんどの部下が敵弾に倒れるなか、少尉、軍曹、上等兵の三名の部下が続いた。四人は「軍刀二本銃剣二挺」で敵と応戦するつもりで、しばらく伏せたまま敵陣直前で待機した。結局、後に続く者はなく、突撃開始からわずか数十分で攻撃は頓挫した。

二四日夜の攻撃に失敗すると、日本軍の攻撃部隊はそのまま次の日の夜の攻撃に備えた。二五日の日中は、アメリカ軍が「ダッグアウト・サンデー」と呼ぶほど日本軍の砲撃や艦砲射撃、空襲が激しかった。二五日夜半から残存兵力による第二波の攻撃が始まったが、この攻撃も失敗し、第二回目の総攻撃も成功せず終結した。この二日間の戦闘で、二九連隊は総員二五五四名中戦死者五〇〇名以上、戦傷者・行方不明者は一〇〇〇名を超えた。約四割の損耗率である。(注3)

一〇月二五日二四時頃、敵陣地前に肉迫した第二師団第一六連隊第三機関銃中隊長の亀岡高夫中尉の指揮する機関銃中隊は、携行した弾薬を翌朝までに撃ち尽くした後、後退命令を受けた。この戦闘だけで、一〇七名のうち戦死者一九名、戦傷者三七名、行方不明者三名(うち一名は戦死と判明)を出した。ガ島戦全体では、中隊の戦死者は実に九五名に上る。

「バンザイ突撃」の防御

アメリカ陸軍退役軍人のミッチェル・ピラリックは、「キリスト教徒は自分の命がこの世で最も尊いものだと教えられてきた」と言う。ポーランド系のカトリック教徒である彼は、陸軍アメリカル師団第一六四連隊第一大隊B中隊の軍曹として、第二回目の総攻撃を迎え撃った。

彼にとって、ガダルカナル戦が生まれて初めての戦闘体験であった。伍長だったピラリックは機関銃手として日本軍を迎え撃ち、おびただしい数の日本兵の死体を目の当たりにした。しかも、バンザイ突撃を迎え撃ったのは一度や二度ではない。フィリピン・レイテ島の戦闘では、日本兵との夜間白兵戦で銃剣による創傷を頭部に負った。ブーゲンビル島では、負傷した日本兵がジェスチャーで「撃ち殺してくれ」という場面に遭遇した。彼はそれを無視してその場を立ち去った。

日本兵と数々の死闘を重ねながら、機関銃や自動小銃を構える敵陣地に向かって銃剣と手榴弾のみでやみくもに突進してくる日本兵の行動と心理が、キリスト教徒のピラリックにはどうしても理解できなかった。海兵隊員に尋ねると「ああ、やつらは生きたくないのさ」という答えが返ってくる。それは、負傷した日本兵が捕虜になるより死を選んだことを指している。

戦争とはいえ人間の命を奪う行為に、道徳的葛藤を感じる兵士もいた。ピラリックと同じく、機関銃手として日本軍の攻撃を迎え撃った一六四連隊のジャック・ロス軍曹は、ミネソタ州レッドウィングという小さな町で母子家庭に育った。一人っ子の彼は、陸軍に徴兵される一九四一年まで、大学を中退して小さなガソリン・スタンドに勤めながら家計を助けていた。毎週日曜日には教会に通う敬虔なクリスチャンである。

ガ島の戦闘で、一夜にして一五〇〇名の日本兵の遺体が海兵隊の防御陣地の前に残された。(注4) 翌日、第一六連隊による第二波の攻撃が行われた。ロスは、その日のことがいまだに頭から離れないという。

「あれは一九四二年一〇月二五日の夜、激しく雨が降るなかでのことだった。ひどい戦闘だった。実際、日本軍の一部は前線を突破してきた。何とか開けられた穴は埋めたが、日本軍の戦死者は想像を絶するものだった。本当にものすごかった。この一件で僕は心底参ってしまった。この時点まで、一人も敵兵を殺したことがなかったからね。とにかく、参ったね」

機関銃陣地の屋根部分はヤシの木で覆われており、左右には土嚢を積み、銃座の後ろ側には歩兵のタコ壺(フォックス・ホール)を配置して後方からの狙撃手による攻撃に備えていた。いくら機関銃分隊長としての任務とはいえ、生まれて初めて人の命を、しかも大量に奪ってしまったことにロスは悩んだ。ガ島にいる間、彼は三度も従軍牧師に悩みを相談している。

【注】

1）Samuel Morrison, *The Struggle for Guadalcanal: August 1942-February 1943*, Little, Brown & Co., 1948.

2）勝股治郎『ガダルカナル島戦における若き中隊長の戦闘体験』(富士学校普通科教育部、一九七九年)。

3）陸戦史普及会『ガダルカナル島作戦』(原書房、一九七一年)。

4）Joseph Mueller, *Guadalcanal 1942: The Marines Strikes Back*, Osprey Publishing, 1992.

III ◉ リーダー像の研究

第7章

石原莞爾

組織人になれなかった天才参謀の蹉跌

官僚型リーダーに葬り去られた不遇

山内昌之

真っ二つに分かれる石原に対する評価

石原莞爾《いしわらかんじ》は、満洲事変（章末「満洲事変」を参照）の首謀者としてあまりに有名である。同時に彼は、明治以降の日本軍人のなかで最も優れた戦略家にして兵学家であり、「天才」と言ってもいい人物ではないかと私は考えている。当時の世界全体を見渡しても、彼に比肩する戦略家や兵学家はわずかしかいないだろう。しかし、組織人として石原を見た場合、彼は失格者の部類に入る人間であり、性格上の致命的な欠陥のために失敗していることを忘れてはならない。

そもそも石原は非常に強い〝毒〟を持った人間であり、彼ほど評価が真っ二つに分かれる人物も珍しい。必要以上に評価される一方で、あまりにも一面的に断罪されているきらいがある。

その背景にあるのは、戦後の知識人の多くに見られる戦争や軍事に関わる教養を忌避する傾向である。本来、戦争や軍事という事象は、知識人の全体的教養の一部としてとらえるべきなのだが、それを無視して「満洲事変の張本人だからけしからん」と短絡的な評価が下される一方、軍事に関する無知の裏返しとしてほとんど英雄崇拝の域にまで評価されたりする。

石原はどのような才能を有しており、それによって何をなしえたのか。また戦前の最大の官僚機構の一つである陸軍という組織において、彼がどのように振る舞い、どう排除されていったのかを考えることは、現代に生きる我々にとっても学ぶべき点が多いのではないかと思う。

理論だけでなく戦場でも一線級の冴えを見せる

私が石原を天才と評価する理由の一つは、『最終戦争論』[注1]『戦争史大観』[注2]といった彼の著作に現れているスケールの大きな構想力、圧倒的な知識に裏打ちされた戦略眼である。私自身、これらの本から多くのことを学び、また現在に至るまで折に触れてひも解く愛読書となっている。

石原の「最終戦争論」を簡単にまとめると、戦争の形態や武器の発展で戦争が究極の姿まで進化することによって、戦争そのものがなくなり、絶対平和が訪れるという考えである。その究極の最終戦争は、日本を盟主とする東亜（東アジア）とアメリカの間で行われると予見した。

彼の論理は一見すると直観的にも思えるのだが、実はヨーロッパの戦史はもちろん、政治学や社会学、哲学にまで及ぶ幅広い読書から得た知識に基づく精緻な分析によって構成されている。さらに彼らしいのは、日蓮宗の信仰への傾倒がそこにミックスされた独特な終末論的な歴史観が反映していることだ。当時の軍人の多くが、大規模な戦闘単位による作戦レベルとしてのみ戦略を考えられなかったなかにあって、高度な国家戦略として戦争をとらえた慧眼は驚嘆に値する。戦争を政治の延長と喝破したカール・フォン・クラウゼヴィッツの名著『戦争論』[注3]に迫る内容ともいえるだろう。

また、当時はほとんど神聖視されていた日露戦争に批判的な論考を加えている点にも驚かされる。石原は戦争を短期決戦型の「決戦戦争」と、あらゆる物資を投入した長期戦の「持久戦争」に分類し、歴史上それが交互に現れることに着目していた。日露戦争はちょうど決戦戦争から持久戦争への移行期に行われたのだが、日本軍は、プロイセン流の決戦戦争理論でロシア軍に挑んでいた。遼陽《りょうよう》や沙河《さか》、奉天《ほうてん》での会戦など、部分的には勝利を収めても、全体として相手を屈服させるまでに至っておらず、日本の勝利は「僥倖の上に立っていた」と指摘している。まさに石原は時代を見通す目を持っていたのだ。

さらに兵器の進化についても、余人の及ばぬ見事な卓見を示している。アメリカとの最終戦争では、「無着陸で世界をぐるぐる回れるような飛行機」「一発当たると何万人もがペチャンコにやられる大威力のもの」などが出現するとしているが、それらは大型爆撃機〈B-29〉や人工衛星や原子爆弾という形で、現実のものとなった。

石原は理論だけでなく、実際の戦場でも天才の片鱗を見せている。作戦主任参謀として指揮を執った満洲事変では、関東軍は約一万二〇〇〇の兵力しかなく、対する張学良《ちょうがくりょう》軍は二〇万の兵を擁していた。ここで石原は部隊の機動力を極限まで高めるとともに、ナポレオン流に、兵力を一カ所に集中させ相手の大軍を打ち破ることに成功した。

石原はかつてドイツ留学をしていたことがあり、その時に決戦型戦争の見本ともいうべきナポレオン・ボナパルトの戦術を研究していたので、それから多くを学んだのだろう。それにしても、少数の兵力で大軍を撃破する作戦の立案、用兵の能力は特筆に値するであろう。

「五族協和」「王道楽土」の理想と現実

日本による中国侵略に対する評価や批判は、ひとまず脇に置いておくとして、『最終戦争論』を読むと、彼が満洲事変で何を成し遂げようとしていたかがよくわかる。

石原は、アメリカとの最終戦争の時期を、第一次世界大戦後五〇年ぐらいになると見積もっていた。そしてその前に、日本は国防体制の整備刷新を完成させ、東アジアの民族を連盟させなければいけないと考えていた。具体的にはアメリカに劣らぬ生産力の拡充であり、さらには東亜の各民族の協和を図る新しい道徳と共同体の創造である。彼の主観によれば、満洲はそのための理想的実験地、言わば東亜連盟に向けた第一歩だったわけである。

満洲建国のスローガンとされた「五族協和」「王道楽土」は石原の理念がそのまま表れたものだ。実際に彼は、新国家における日本の関与は最小限に留めることや、日本人・中国人など民族の区別なく国家経営に参画することを目指しており、この点が後述するように東條英機と対立することになる。

彼が思い描いた満洲国の理想がその後どのような結果になったかは、歴史が示す通りである。石原の側から見れば、最初のつまずきは、日中戦争の発端となった盧溝橋《ろこうきょう》事件（昭和一二年〔一九三七〕）であろう。

当時参謀本部作戦部長だった石原は、中国との戦争は満洲国の五カ年計画を破綻させることになるとして不拡大を主張するのだが、陸軍の大勢は拡大方針であった。作戦参謀の部下たちにまで「あなたが満洲でやったのと同じことをやろうとしているだけだ」と言われ、絶句してしまう。石原の構想がまったく理解されていないことは言うに及ばず、彼の行為が、極端に言えば陸軍という組織において、単純な下剋上や秀才軍事官僚の点数稼ぎのようにとらえられていることに唖然としたに違いない。

石原からすれば、戦略や大構想の有無という観点でも、満洲事変と日中戦争はまったく次元の違うものである。しかし考えてみれば、彼が計画・実行した満洲事変は中央の陸軍省、参謀本部の統帥《とうすい》を無視して行ったものであり、彼自身が昭和陸軍の下剋上という、非常に忌まわしい風潮の体現者であるということを認識すべきだったのではないか。結果的に満洲事変以降、「第二、第三の石原」を生むことにつながったのは、歴史の皮肉としか言いようがない。

石原が建国に心血を注いだ満洲国についても、盧溝橋事件後に関東軍参謀副長として満洲に赴任して、変容した現実を目の当たりにする。五族協和とは名ばかりで、実質的に関東軍が内面から指導し管理しており、日系の官吏ばかりが幅を利かせる「日本の傀儡《かいらい》国家」と化していたのである。

この時の直属の上司が、関東軍参謀長だった東條英機である。東條からすれば、石原が策定した五カ年計画を現実的に実行したにすぎないという思いだろう。だが石原はことごとく東條と衝突し、結局赴任から一年もしないうちに、みずから予備役編入願を提出して帰国してしまう。

このあたりは、石原の天才的才能と表裏を成す不安定さ、諦めの早さが出てしまったと見ることもできる。しかしそれ以上に、東條と比べると組織人としての器量や資質に問題があったといえるのではないだろうか。

巨大官僚機構だった日本陸軍

現代に生きる我々がとかく見逃しがちなのだが、戦前の日本陸海軍というのは巨大な官僚機構だった事実である。現在の財務省や、経済産業省、外務省に匹敵するどころか、それ以上の巨大なエリート集団から成る官僚組織であったのだ。

陸軍に関して言えば、大きな官衙《かんが》だけでも、陸軍省、参謀本部、教育総監部があり、さらに陸軍大学校、士官学校、幼年学校などの教育機関に加えて陸軍病院もあり、地方には師団司令部や旅団司令部といった機構が網の目のように張りめぐらされていた。官衙間の人事の異動一つ取ってみても、いまの中央官庁の人間の異動以上に精緻さが求められた。当然のことながら、その巨大な組織の隅々にまで目を配り、動かしていく人間が必要になるのだ。努力型の秀才である東條は、そういうマネジメントの能力では秀でていた。

もちろん、多くの研究者も指摘するように、戦略家や兵学家として見れば東條はまったく冴えたところのない、月並みな人間だった。せいぜい陸軍少将になって、旅団長クラスで終わるはずの軍人だったのだ。そんな東條が関東軍参謀長、陸軍次官、さらには陸軍大臣、おしまいに首相や参謀総長にまで登りつめた理由は、人材の枯渇に加えて運が作用したこともあるが、何よりも軍務官僚としての優秀さにあった。

現在の中央省庁と同じように、戦前の陸軍でも、陸軍省、参謀本部、教育総監部という複数の官衙を往復してキャリアを積むことが出世には必須だった。東條は、参謀本部員をはじめ、陸軍省の整備局動員課長、軍事調査部長なども務めている。一方の石原はといえば、教育総監部でほんのわずかの勤務経験があるだけで、後はひたすら作戦畑である。人事やマネジメントの才を必要とする組織人たる力量は、それこそ雲泥の差があっただろう。

くわえて石原は、生来の歯に衣着せぬ物言いで、常に周囲と軋轢を生んできた。部隊の下士官兵士には慕われたものの、東條をはじめとする上層部や同僚からはかなり煙たがられていた。いかに崇高な理想を掲げ、それを実現するための壮大な戦略を持っていても、組織において理解者、協力者がいなければ物事は動かない。これこそが組織人・石原の致命的欠陥なのである。

平時のリーダー・東條に封殺された石原

ただし東條に関して言えば、その後首相兼陸相となり、さらに参謀総長を兼任するに至るには、かなり無理があった。どんなにひいき目に見ても、東條は平時のリーダーが務まっても、戦時のリーダーの器ではない。戦場だけでなく国際情勢も含めて時々刻々と変化する状況を読み込み、その時々に合わせて的確な判断を下し、組織の末端に行き渡る指示を出すといった能力を東條に求めるのは無理であろう。

この点に関しては、東京裁判に際して連合国関係者が東條告発の証言を石原に迫った時の発言が的を射ている。「東條と意見の対立があったのではないか」と聞かれ、石原は「私には思想も意見もあるが、東條にはそれがない。意見のない人間とは対立しようがない」と言い放ったというのだ。

戦時のような非常事態下のリーダーシップでは、まさに石原が言うところの「思想や意見」が大きく物を言う。書物の引き写しやマニュアルといったものではなく、まさしく総合的な智恵が試されるのだ。

実際に東條が首相在任中にどれだけの実績を上げたかはここでは言うまい。一つだけ指摘するならば、東條の嫉妬深さ、偏狭さから、多くの人材が活躍の場を奪われたという点である。有能な指揮官や軍内部で人気のあった人物をわざわざ遠方の戦地に送り込み、中央で起用しなかった。みずからの政策に批判的な官僚や新聞記者に対して懲罰召集を行い、二等兵として最前線に送り込むといった行動に至っては、愚将の極みとしか言いようがない。

石原も、東條の嫉妬の被害者の一人であった。満洲から帰国後閑職に追いやられた石原は昭和一六年（一九四一）八月、当時陸軍大臣だった東條によって予備役に編入され、表舞台での活躍を封じられた。こうして日本陸軍は戦略的構想力を失ったまま、太平洋戦争に突入せざるをえなくなるのである。

官僚型リーダーと天才型リーダーの調和

ではその石原に、戦時のリーダーが務まったかと問われるなら、その可能性は十分にあったと私は考える。たとえば、太平洋戦争において、緒戦の勢いを失って劣勢になり始めた時に、石原が参謀総長に、海軍は山本五十六《いそろく》が軍令部総長に就任していたなら、あるいは日中戦争を打開しつつ、対アメリカの終戦工作を多少なりとも有利に進めることが空想的にはできたかもしれない。

泥沼化した日中戦争、開始当初からおよそ勝利は望むべくもなかった太平洋戦争。このような状況下では、前例を効率的に進めることだけに長《た》けているような秀才型の官僚では解決はおぼつかない。石原や山本のように、常人には考えもつかないような思い切った戦略を大胆に行える人物こそ、打開策を打ち出せたのではないかと思う。

しかし現実的に考えた時、この〝歴史のイフ〟はかなり成立の確率が低い。というのも、前述したように石原は組織人として欠陥があり、だれかが上から引き上げてやらない限り、要職に就くことは難しいからである。

ここで一つヒントになるのが、満洲事変である。事変当時の石原の階級は中佐、役職では作戦主任参謀にすぎない。その石原がみずからの構想を実行できたのには、当時上司だった関東軍高級参謀・板垣征四郎《せいしろう》の力が大きかった。板垣は東條と違って優秀な部下と張り合うようなことはせず、鷹揚にすべてを任せるタイプだったようであり、そんな上司の下で石原は力を発揮したのである。

ひるがえって東條と石原を見てみると、どうやっても折り合えない最悪の相性だったように思われる。東條ほどの頭脳の持ち主であれば、石原の思想は理解していただろうが、普段の言動からとても組織を任せられないと判断した。石原のほうは無教養な東條を心底馬鹿にし、関東軍参謀副長時代は「東條上等兵」と侮蔑してはばからなかったというほどだ。

陸軍ほどの大組織となれば、関係者間の利害調整などの政治力は欠かせない。しかし、戦時ともなればそれだけではやっていけないのは明白である。組織を守り、その意思を体現していく官僚型リーダーと、不確定要素の大きな戦争という状況下で長期的視野に立って大胆な戦略を推進する天才型リーダー――本来であれば、両者が調和した時にこそ、組織のダイナミズムが発揮され、大目標の達成にも近づくことができるのだ。その理想は組織にとって永遠の課題なのかもしれない。

【注】

1）石原莞爾著、東亜連盟協会関西事務所編『最終戦争論』（立命館出版部、一九四〇年、文庫版は二〇〇一年に中央公論新社から）。

2）石原莞爾『戦争史大観』（中央公論社、一九四一年、文庫版は二〇〇四年に中央公論新社から）。

3）Carl von Clausewitz, *Vom Kriege*, P. Reclam jun.,1980.（邦訳『戦争論レクラム版』芙蓉書房出版、二〇〇一年）、Carl Von Clausewitz, Tiha Von Ghyczy, Bolko Von Oetinger and Christopher Bassford, *Clausewitz on Strategy: Inspriation and Insight from a Master Strategist*, John Wiley&Sons, 2001.（邦訳『クラウゼヴィッツの戦略思想』ダイヤモンド社、二〇〇二年）。

満洲事変

満洲は、現在の中国東北地方に当たり、歴史的には清を建国した満洲族（女真《じょしん》族）の発祥の地として知られる。日本がこの地に進出したのは、明治三八年（一九〇五）、日露戦争の勝利によって満洲南部の旅順《りょじゅん》―長春《ちょうしゅん》間の鉄道を領有したのが始まりである。鉄道事業に加え沿線の各種事業を推進する南満洲鉄道株式会社を設立するとともに、沿線地域の居留民保護を目的として関東軍を創設した。

その後、ロシア革命で隣接するソ連が社会主義国家になり防衛の必要性が高まったことに加え、一九二九年の世界恐慌の影響で国内産業が打撃を受け、新天地を求めたことから、満洲と内モンゴルを支配地に加える満蒙領有論が叫ばれるようになった。その実現に向けて具体的な行動を起こしたのが関東軍である。当時満洲を支配していた軍閥・張作霖《ちょうさくりん》を謀殺し、昭和六年（一九三一）には石原莞爾らが中心となって南満洲鉄道の爆破事件（柳条湖《りゅうじょうこ》事件）をきっかけに満洲を制圧した。

いずれの事件も、政府や陸軍中央の指示を無視して行われたものであり、戦前の軍部の独走を象徴する事件であるとともに、中国との全面戦争に至る遠因として位置づけられる。

石原莞爾

明治二二年（一八八九）山形県生まれ。仙台陸軍地方幼年学校、東京陸軍中央幼年学校、陸軍士官学校卒業後、陸軍大学校では最高位の成績だったが、特異な性格から天皇に御進講する首席は不適当として二番に下げられたといわれる。中支那派遣隊司令部付、二年間のドイツ駐在などを経て、昭和三年（一九二八）関東軍作戦主任参謀。昭和六年（一九三一）の満洲事変で主導的な役割を果たし、昭和一〇年（一九三五）参謀本部作戦課長に。翌年の二・二六事件では戒厳司令部参謀を兼務、処理に当たった。

昭和一二年（一九三七）参謀本部作戦部長となるも、盧溝橋事件で不拡大方針を唱え、拡大派との抗争に敗れる形で、関東軍参謀副長に転出。関東軍では参謀長の東條英機と衝突し、舞鶴要塞司令官へと左遷される。昭和一六年（一九四二）第一六師団長時代に予備役に編入、その後は郷里の鶴岡市で東亜連盟運動に尽力。昭和二四年（一九四九）持病の膀胱炎・血尿が悪化し死去。熱心な日蓮信者でもあり、思想にも大きな影響を受けている。またカメラが趣味で、ドイツ駐在時代にまだ珍しかったライカの小型カメラを購入したことで知られる。

第8章

独断専行はなぜ止められなかったのか

辻 政信

優秀なれど制御能わざる人材の弊害

戸部良一

現場判断による「独断専行」はどこまで許されるのか

旧日本陸軍の悪弊として、よく指摘されるものに、「独断専行」と「幕僚統帥《とうすい》」がある。

独断専行とは本来、事態が急変する戦場で、上官の命令や指示を待っていたのでは対応が遅れてしまうので、現場で自主的に判断して行動する、という意味であった。第一次世界大戦では、従来よりも戦闘単位が小さくなり、下士官が指揮する分隊を単位として戦闘する傾向が強まった。したがって、日本陸軍でも下士官や兵士の自主的判断に基づく対応を奨励したのである。ところが、やがてこの独断専行は、上官あるいは上級司令部の命令や指示を無視して、あるいはそれに反して行動することを指すようになった。

幕僚統帥にも、独断専行と重なる部分がある。そもそも幕僚（参謀）は、指揮官の判断と決定を補佐し、その決定に基づく部隊の実行を確実にすることがその任務である。『統帥綱領』によれば、「幕僚ハ将帥《しょうすい》ノ籌劃《ちゅうかく》決心ニ必要ナル諸要素ヲ整備シテ其策按《そのさくあん》決心ヲ準備シ之《これ》ヲ実行ニ移スノ事務ヲ処理シ且《かつ》軍隊ノ実行ヲ注視ス」とされる。命令を下し軍隊を指揮するのは指揮官にのみ許されており、幕僚にはそうした権限がない。指揮官に委任された場合にだけ、幕僚は命令を下すことが可能となる。

だが、日本陸軍では、しばしば幕僚が指揮官の委任もないのに独断で命令を下すことが少なく

図表8◉辻政信年表

元号（西暦）	概要
明治35（1902）	石川県で生まれる。
大正13（1924）	陸軍士官学校を首席で卒業。
昭和6（1931）	陸軍大学校を卒業し、歩兵第7連隊中隊長に。
昭和7（1932）	第1次上海事変に出征し、戦傷。
昭和11（1936）	関東軍参謀部付に。
昭和12（1937）	7月、日中戦争が勃発。北支那方面軍参謀となる。 12月には関東軍参謀に。
昭和14（1939）	5月、ノモンハン事件。 9月に第11軍司令部付となる。
昭和15（1940）	台湾軍研究部員となる。
昭和16（1941）	7月、服部卓四郎に起用され参謀本部戦力班長となる。 9月には第25軍作戦参謀となり、 12月の日米開戦に伴うマレー作戦に参加。
昭和17（1942）	3月、参謀本部作戦班長に就任。 8月にガダルカナル島の戦いが始まると現地に派遣。
昭和18（1943）	ガダルカナル島での敗戦の責任を問われ、8月に陸軍大学校教官に。
昭和20（1945）	8月の敗戦をタイの第39軍参謀として迎える。
昭和23（1948）	逃亡、潜伏を経て極秘裏に帰国。
昭和27（1952）	衆議院議員に当選。
昭和36（1961）	東南アジア旅行中のラオスで行方不明となる。

なかった。これが、幕僚統帥である。司令部から現場の部隊に連絡のために派遣された幕僚が、現場の状況の急変に応じるため、混乱・動揺した部隊を指揮しなければならない場合もあったかもしれない。ただし、司令部に指揮官の命令・指示を仰ぐことが可能であった状況でも、派遣幕僚はしばしば、あえて独断で命令（偽命令）を出すことがあった。

このような独断専行や幕僚統帥を犯した典型的な軍人が辻政信《つじまさのぶ》である。たとえば、昭和一四年（一九三九）のノモンハン事件で関東軍参謀の辻は、陸軍中央の指示を無視して作戦準備を進め実行に移した。大東亜戦争開戦後のフィリピンでは、大本営参謀として現地に乗り込み、「バターン死の行進」に絡んで米比軍捕虜の「処分」を指示した。ガダルカナルにも大本営参謀として派遣され、作戦破綻が明らかであったにもかかわらず、作戦継続を言い続けた。

しかも、このような独断専行や幕僚統帥を繰り返したにもかかわらず、辻政信は陸軍の枢要なポストに就く機会を得た。なぜ、そのようなことがありえたのだろうか。以下では、その原因を探り、それを通して日本陸軍の組織的特徴をとらえてみよう。

積極果敢・臨機応変が高評価される時――マレー作戦の場合――

辻政信は明治三五年（一九〇二）、石川県の山中で炭焼きの家に生まれた。尋常小学校から高等小学校に進んだ後、軍人を志して陸軍幼年学校を受験、補欠で合格した。名古屋地方幼年学校から中央幼年学校に進み、卒業後は郷里金沢の歩兵第七連隊での隊付勤務を経て陸軍士官学校に入校、大正一三年（一九二四）に陸士三六期生として卒業した。地幼、中幼、陸士、いずれも首席である。中尉の時に陸軍大学校を受験、難関の陸大に一発で合格した。卒業成績は三番だったが、恩賜の軍刀を授けられた。

　青年将校時代の辻は超人的な体力と意志力を発揮し、勉学だけでなく、運動や訓練にも全力で取り組んだ。村上兵衛はその頃の辻を次のように描写している。

「当時の軍隊が軍人に要求したもの、いわく質実剛健、いわく率先垂範、いわく積極果敢、いわく命を鴻毛《こうもう》の軽きに比す——それらを兼ね備えた彼流の軍人の理想像にむかつて、彼はまつしぐらに突進した（注1）」

　昭和七年（一九三二）、辻は中隊長として、第一次上海事変に出征した。勇戦奮闘し、負傷した。その後も彼は、よく負傷した。ニューギニアで、ビルマで。勇猛果敢は、軍人に求められる重要な規範であったが、辻はそれを、身をもって実践した。

　金沢時代の辻には、部下から慕われたという逸話が少なくない。兵舎での生活や訓練で、辻は兵士たちの境遇に配慮し、厳しさと温情をもって指導した。陸大軍刀組の超エリート将校でありながら、部下思いである辻の姿勢は、実戦での勇猛果敢さと相まって、部下たちの崇拝を促した。辻は軍人の鑑になろうとし、部下の目には軍人の鑑であるかのように見えた。

　辻政信が名声を得るのは、それから一〇年ほど経った頃である。それは大東亜戦争(太平洋戦争)

の緒戦段階で、華々しい活躍を見せたからであった。昭和一六年（一九四一）七月、参謀本部作戦部作戦課の戦力（兵站《へいたん》）班長に就任した辻中佐は、開戦直前、参謀本部在勤二カ月で、みずから望んで前線に出た。同年九月、山下奉文《ともゆき》率いる第二五軍の作戦参謀となり、マレー作戦に従事したのである。

マレー作戦では、銀輪部隊に象徴されるように、臨機応変に戦場の特性に合わせて機動力を発揮した日本軍が、一方的に英印軍を追いまくった。数カ月持ちこたえるつもりだった英印軍の陣地はまたたく間に抜かれ、逃げる英印軍を日本軍部隊が追い抜く場面さえ見られた。第二五軍は、マレー半島上陸後わずか七〇日で一〇〇〇キロ以上を南下しシンガポールを陥落させた。

辻は参謀として機略縦横、弾雨のなかをたえず前線に赴き、戦場の実態を把握すると同時に、それに応じた作戦を立て、その実行を現場で確認した。辻に批判的な伝記を書いた生出寿《おいでひさし》でさえ、マレー作戦の成功は、山下の指揮統率力と、辻の情報分析力と作戦立案力とに負っていたことを認めている。(注2) マレー作戦は辻の檜舞台であり、「作戦の神様」として辻は持てはやされた。

たしかに緒戦段階の日本軍の勝利は、敵の準備未完によるところが大きく、マレー作戦の場合は敵（英印）軍の情報能力の貧困さと戦意不足も勝因の一つであった。また、辻の立案した作戦が取り立てて独創的であったわけでもない。

辻は、陸士・陸大の優等生として、旺盛な攻撃精神と積極果敢さを重視する日本軍の伝統的・正統的な戦法に習熟し、これを戦場の特徴に合わせて柔軟に応用したのである。劣勢な戦力でも、あえて迂回包囲という習熟戦法に訴え、それを見事に成功させた辻の手腕は、正統的な戦い方であったがゆえに、よく理解され、評価されたといえよう。

辻は、危険を顧みず、常に前線に出た。それはまさに神出鬼没、彼が司令部にいることは稀で、作戦参謀はどこにいるかわからないといわれるほどであった。流動的な戦場で、方向感覚を失った末端の部隊に出くわすと、辻はしばしば独断で命令を出した。時には、そうした部隊を指揮することもあった。

前述したように、参謀には命令を出す権限はなく、部隊を指揮する権能もない。しかし、刻々と変化する戦場の実相に応じて臨機応変に打ち出された辻の独断専行は、多くの場合うまく機能した。彼の行為は事後に承認されたばかりでなく、高く評価されることも少なくなかった。積極果敢かつ臨機応変な辻の独断専行と、参謀であっても危険を顧みず前線に出る率先垂範とは、軍人としての模範的行為とされたのである。

昭和一七年(一九四二)三月、辻は参謀本部に復帰し、作戦班長に就任する。辻政信、三九歳、「作戦の神様」として得意の絶頂にあった。当時、陸軍予科士官学校の生徒であった村上兵衛によれば、辻は多くの生徒たちから英雄のように渇仰《かつごう》されていたという。名古屋幼年学校では「辻のようになれ」と教育され、軍学校時代の彼の刻苦勉励《こっくべんれい》とストイックな生活が伝説と化していた。

だが、英雄視された辻の行為は、一つ間違うと、組織を混乱と無秩序に陥れかねなかった。そして、それはすでに実証済みだったのである。マレー作戦から遡ること約二年半、昭和一四年(一九三九）五月に始まるノモンハン事件での関東軍参謀としての辻の行動を追ってみよう。

中央の指示を無視して進められた作戦
――ノモンハン事件の場合――

辻政信が関東軍にその参謀部付として着任したのは、二・二六事件の直後、昭和一一年（一九三六）四月である。昭和一二年（一九三七）七月に盧溝橋《ろこうきょう》事件が起こると、現地北京に飛んで、強硬論を吹きまくり、日中戦争（支那事変）の拡大に伴い、みずから望んで北支那方面軍参謀に転じたが、そこでは作戦課長とソリが合わず、軍司令部を留守にして飛び回り、山西省で板垣征《せい》四郎《しろう》率いる第五師団と行動をともにした。

積極果敢で勇猛ではあり、有能でもあるけれども、扱いにくい軍人としての本領を辻は表しつつあった。同年一二月、辻は関東軍参謀（作戦課）に補せられ、翌年三月少佐に昇進する。ノモンハン事件が起こったのは、それからほぼ一年後のことである。

問題の発端は辻が起案した「満ソ国境紛争処理要綱」にあった。同要綱によれば、国境線が明確でないところでは、当該地域を担当する防衛司令官が「自主的に」国境線を認定し、ソ連軍がこれを侵犯した場合は、その初動の段階で徹底的に「封殺《ふうさつ》破摧《はさい》」するものとされた。

言うまでもなく、出先の一介の司令官には国境線を認定すべき権限も資格もなかったが、辻としては、昭和一三年（一九三八）に発生した日ソ国境紛争（張鼓峰事件《ちょうこほう》）で日本軍（朝鮮軍）の動きが鈍く消極的であったので、その「戦訓」を踏まえたうえでの要綱のつもりであったのだろう。要綱は陸軍中央に報告されたが、何の反応もなく、やがて関東軍命令として隷下部隊に示達された。

したがって昭和一四年（一九三九）五月、外モンゴル（外蒙）軍が、ホロンバイル平原の満洲国領と見なされていた地域に入ってきた時、その地域の防衛司令官たる小松原道太郎第二三師団長が即座にこれを撃退する行動に出たのは、命令として下達された要綱に従ったからにほかならない。小松原が派遣した部隊は外蒙軍を蹴散らしたが、再進入してきたソ連と外蒙の連合軍（ソ蒙軍）によって壊滅的な打撃を受け撤退した。この時辻は新京の軍司令部からノモンハンの最前線に飛び、後退してくる部隊を叱咤激励した。

ノモンハンの軍事衝突は、いったん小康状態に入る。だが、その後、増強されたソ蒙軍の行動が大胆になったため、小松原は、日本側が満洲国領と見なしている地区で陣地を強化しているソ蒙軍に対し全面攻撃を行うべきである、と意見具申した。関東軍司令部では、作戦課長が事態静観を唱えたが、その部下の辻は、初動で叩くことの必要性を論じ、これに作戦班長の服部卓四郎《たくしろう》をはじめ作戦課の多くが賛同したため、課長も自説を撤回し、辻が作戦計画を立てることになった。辻が起案した作戦計画を見た参謀長の磯谷廉介《いそがいれんすけ》は、師団規模の作戦だから大本営(参謀本部)の了解を得る必要があるだろうと指摘したが、作戦課長も班長もその必要はないと言い張り、参謀長はこれに押し切られた。

こうして関東軍の作戦準備は陸軍中央の了解なしに進められ、実行間近になって大本営に報告された。陸軍中央では作戦の可否をめぐって議論が白熱、賛否両論が伯仲したが、最終的には、「一個師団程度のことならば関東軍に任せてもいいではないか」という板垣陸相の一言で決着がついた。

ただし、関東軍の大本営に対する報告の中で伏せられていることがあった。外蒙領タムスクへの爆撃計画である。報告すれば止められるのが自明だったので、秘密にしたのである。しかし、結局、これも直前に知られてしまい、大本営は中止を勧告するとともに、説明のため東京から参謀を派遣すると通告してきた。ところが関東軍は、この連絡参謀が到着する前にタムスク爆撃を決行してしまった。爆撃には辻も同行した。

これを知って驚きかつ憤った参謀本部は、早速、爆撃中止を勧告する電文を打ったが、これに対する関東軍の返電は、「現状ノ認識ト手段トニ於《おい》テハ貴部ト聊《いささ》カ其《そ》ノ見解ヲ異ニシアルカ如キモ北辺ノ些事《さじ》ハ当軍ニ依頼シテ安心セラレ度《たし》」という木で鼻をくくったような文面であった。この返電は、磯谷参謀長の名で打たれたが、本人は何も知らず、辻が勝手に打ったものだという説もある。

一介の少佐の率先垂範の行動力が組織の理念を体現していた背景

地上の作戦は七月に始まった。そして惨憺《さんたん》たる失敗に終わる。作戦決行直前、辻は偵察機に乗ってみずからソ蒙軍の陣地を上空から観察した。だが、敵の兵力増強と準備状況を見抜くことはできなかった。敗色濃厚となった八月下旬、辻は二度、現地の司令部に赴いている。強気の発言で現地司令部を叱咤・鼓舞し、強気の見通しで関東軍司令部に攻撃継続を訴え続けた。

九月中旬、ようやく停戦協定が成立し、ノモンハン事件は終息に向かう。戦死傷者の正確な数はいまだによくわからないが、七月以降の戦死傷者（生死不明を含む）は一万七〇〇〇人を超えるといわれる。最近になってソ蒙軍の戦死者が日本軍を上回るという説が現れ、ノモンハン事件は必ずしも日本軍の一方的な敗北とはいえないのではないか、という解釈も出てきたが、国境線がソ蒙側の主張する通りになった結果を見れば、やはり関東軍の目的は達成されておらず、一方的といえるかどうかはともかく、日本の敗北であったことは否定できない。

関東軍は、みずから主張する国境線から断じて退かないというソ蒙軍の強固な意志を見抜けなかった。また、敵の大幅な兵力増強や兵器の量的・質的優位を理解せず（そうした情報があっても無視し）、いたずらに攻勢を取り続けた。日本軍の精神力に裏づけられた精強さが、敵の戦力の数的優位に勝るとの信念を変えようとはしなかった。そうした過ちに辻も加担し、むしろそれを助長したことは疑いない。

それにしても奇異に感じられるのは、関東軍の異常なほどの独断専行ぶりである。満洲事変以来、それは関東軍の「伝統」と化したかのようである。陸軍中央の命に従わなくても、国家あるいは組織の利益につながる何らかの成果を上げれば、その責任を問われないどころか、称賛に値するとさえ見なされてきたツケが、ここで出てしまった。

なにしろ、満洲事変の立役者、板垣征四郎がこの時の陸軍大臣であった。辻はごく短期の北支那方面軍勤務（約四カ月）を含んで、関東軍勤務が三年に及んでいる。この長期勤務の間に、辻も関東軍の気風ないし伝統に染まっていたといえよう。

辻は一介の少佐、作戦参謀にすぎなかった。にもかかわらず、彼は作戦課長の事態静観論を退け、初動の一撃によってソ蒙軍の「野望ヲ徹底的ニ破摧ス」と主張し、関東軍の方針と作戦計画を方向づけた。また、参謀本部の爆撃中止勧告を鼻であしらった（？）。

なぜ、辻はそのようなことができたのか。参謀長の磯谷が、辻の青年将校時代に第七連隊の連隊長で、その頃から辻の能力を買っていたという事情も作用していたかもしれない。辻が第一次上海事変以来、歴戦の勇士だったという伝説も影響したかもしれない。

おそらくそれ以上に重要であると思われるのは、彼の行動力である。辻は、事件を通じて数度、前線あるいは現地司令部に赴いた。みずから飛行機に乗って偵察をし、爆撃にも参加した。そうした行動力と、現地の生の状況を知っているという強みは、少なくとも軍司令部にいる参謀たちを圧倒したのではないだろうか。

しかも辻は必勝の信念、積極果敢、率先垂範、命を鴻毛の軽きに比す、といった当時の陸軍が最も重視していた理念を、体現し実践しようとしていた。より正確に言えば、そうした理念を体現し実践しているように見えた。

陸軍という同質的な集団組織のなかで成員がそのような理念を共有していれば、それを体現し実践している人物には反対しがたい。また、彼がそうした理念から割り出してくる方針や計画には、抗いがたい。これが、辻のような人物が異常なほどの影響力を発揮できた最も大きな理由だったと考えられよう。

責任を問われず、要職に返り咲くことができた理由

ノモンハン事件は損害があまりに大きかった。陸軍では、その責任を明らかにする人事異動がなされた。参謀本部では参謀次長と作戦部長が予備役に編入され、作戦課長が左遷された。関東軍司令部では、軍司令官、参謀長が予備役となり、参謀副長、作戦課長、作戦班長(服部卓四郎)が左遷された。

辻も左遷された。昭和一四年(一九三九)九月、武漢の第一一軍司令部付となったのである。さらに、翌年二月、南京の支那派遣軍総司令部付となる。うるさがられて、体よく追い払われた

というのが真相だろう。

うるさがられたのは、辻が「料亭征伐」をやったからである。彼は、高級将校たちが官用車で料亭に出入りするのを、軍人にはあるまじきこと、まして戦地ではあってはならないこと、と猛烈な非難を浴びせかけた。

辻がこうした行為に出たのは、武漢や南京、上海だけではなかったようである。彼は、新しいポストに就くと、そこの経理部に行って高級将校の官用車の使用伝票と料亭への支払伝票を調べたという。それを元にして、同僚や上官の素行を非難したわけである。

もともと辻は酒宴を好まなかった。辻について優れた伝記を著した杉森久英によれば、そこには、山村で生まれ育った辻の都会文化に対する嫌悪と反感が関わっていたのではないかとされている。辻は享楽や贅沢、遊興を嫌った。杉森は次のようにも述べている。

「辻のやっていることは、一応正しいことには違いなかった。彼のする事なす事は、小学校の修身教科書が正しいという意味で正しいので、誰も反対のしようがなく、彼の主張は常に、大多数の無言の反抗を尻目にかけて、通るのであった」(注3)

料亭など利用できない兵士たちは、高級将校をやり込める辻にひそかに喝采を送った。

辻の主張と行動に対する周囲の反応について杉森が指摘していることは、料亭征伐だけには限らないように思われる。彼が、必勝の信念、積極果敢、率先垂範といった組織の理念に基づく主張を展開した時、それに周囲の上官・同僚の多くが沈黙あるは同調してしまったことにも、杉森の指摘は当てはまるかもしれない。

辻は昭和一五年（一九四〇）八月中佐に昇進したが、その南京勤務も長くは続かなかった。南京での汪兆銘《おうちょうめい》政権樹立に呼応して、辻は東亜連盟運動を推進しようとしたが、これが東條英機陸相の怒りを買ったのである。

同年一一月辻は台北に飛ばされ、台湾軍研究部員となった。そこで辻は熱帯地での戦闘法、編制・装備、兵要地誌などを研究し、翌年海南島で行われた熱帯地での作戦を想定した演習にも参加した。一方、ノモンハン事件の責任を問われて左遷されていた服部卓四郎は、昭和一五年（一九四〇）一〇月、参謀本部の作戦班長に返り咲き、翌年七月、作戦課長となった。服部は、南方作戦に研究実績のある辻の起用を、上司の田中新一作戦部長に進言、こうして辻も参謀本部の戦力班長に就任することになる。

ノモンハン事件に最も責任があるといってもよい服部と辻が、参謀本部の要職に就いたことは、現代では理解しがたい人事である。主たる責任は指揮官が負うべきであり、スタッフたる参謀の責任は従たるものにすぎない、という形式論をたとえ認めるにしても、それは責任者処分の場合についてのみいえることだろう。甚大な損害を出した作戦を推進した参謀の一人を、わずか一年で組織の中枢に据え、さらにその進言を容れて、作戦を最も強力に引きずった「主犯」も重要なポストに据える、というのは、いったいどういうことなのだろうか。

かつて関東軍で独断専行した石原莞爾《いしわらかんじ》も板垣も、のちに要職に就いた。だが、彼らの独断専行による満洲事変は、当時は「成功」と見なされていた。したがって、彼らが要職に就くことにはそれなりの理屈がある。しかし、服部も辻も、当時ですら「失敗」と見なされていた事件の責任者なのである。その二人になぜ陽の当たる道が用意されたのか。理由はよくわからないとしか言いようがない。

おそらく二人ともその有能さが高く評価されていたのだろう。特に服部は如才のない組織人であった。どこでも組織の調和を図り、効率的に仕事を進めてゆく能力に長けていた。そして組織人の服部の進言は、それなりの重みをもって受け止められた。しかも、彼が起用を進言した辻には、南方作戦の研究実績があった。このように考えれば、少しは説明がつくかもしれない。

それに加えて、辻が陸軍という組織の理念を体現し実践していたことが、ここでも関係していたのではないだろうか。彼が、そうした理念を追求していた限り、たとえ失敗しても、その「罪」は強くとがめられず、赦《ゆる》された。

辻が参謀本部に着任した頃、独ソ戦の勃発を受けて、陸軍では激しい論争が繰り広げられていた。ドイツに呼応してソ連に対する攻撃に踏み切るべきか、それとも石油資源の獲得を目指し対米英戦を賭しても南方に進出すべきか、という論争であった。

辻は南方進出を唱え、服部もそれに同調した。ソ連の底力を侮るべきではなく、独ソ戦はドイツが言うように簡単には片づかない、というのが辻の論拠であった。ノモンハンの失敗の経験が、対米英開戦やむなしとの強硬な主張につながった。失敗の経験から正しく学ぶことがいかに難しいかを、辻のケースはよく示している。

限度を越えた独断専行が戦史に残る惨敗を呼ぶ
――ガダルカナル島の戦いの場合――

前述したように、大東亜戦争の緒戦段階で辻は華々しい活躍を見せた。「作戦の神様」とも謳われた。彼の「独断専行」も「幕僚統帥」も強くとがめられず、むしろ臨機応変の措置として評価された。

だが、実は、彼の行為は、マレー作戦の時から度を越しつつあった。辻は、ペナン攻略の際には、日本軍将兵の略奪・強姦に対して厳罰をもって臨む方針を明示したが、シンガポール攻略直後には華僑虐殺を独断で指示したとされる。軍紀維持にも徹底すると同時に、「敵性勢力」の殲《せん》滅《めつ》にも徹底的であろうとした、ということなのだろう。

作戦班長に就任して間もなく辻はフィリピンに派遣された。マレーやジャワでの作戦進捗に比べて、本間雅晴《まさはる》率いる第一四軍のフィリピン作戦が思わしくなかったからである。やがて日本軍はバターン半島攻略に成功し、投降した大量の米比軍を捕虜収容所まで六〇キロ歩かせ多くの死者を出した。いわゆる「バターン死の行進」である。この時辻は、持て余した捕虜を「処分」せよという偽命令を触れ回ったという。

こうした辻の行為は繰り返される。昭和一七年(一九四二)七月、辻はダバオの第一七軍司令部に派遣され、当時研究・検討中であったニューギニアのポートモレスビー攻略の実行を、大本営命令として示達する。偽命令であった。しかし、作戦が発動された後、これは大本営によって追認される。現場の辻による臨機の判断に任せるべきである、と作戦課長の服部が弁護したからだという。

海軍がガダルカナル島に設営した飛行場を米軍に奪い取られ、日本陸海軍がこの飛行場奪回を目指して激しい戦いを始めるのは、同年八月である。参謀本部内には、日本軍の兵站能力の限界を超え制海権・制空権の及ばないガダルカナルへの大兵力投入に疑問を呈する声もあったが、辻は敵の反攻の初動を制することの必要性を論じ立てた。(注4) 九月下旬、辻はラバウルに進出していた第一七軍司令部に派遣され、一〇月上旬、軍司令部とともにガダルカナルに上陸する。

ガダルカナルでは、「作戦の神様」の能力は発揮されなかった。熱帯とはいえ、マレー半島とはまったく異なる戦場であった。敵も違った。辻を含む日本軍は、敵の戦力を正確に把握せず、戦場の地形も十分に理解していなかった。そもそも予定された戦場ではなかった。予想された戦場ですらなかった。

海兵師団を中心として増強された米軍は、堅固な防御陣地を築き、猛烈な火力で日本軍の攻撃を撃退した。夜襲で白兵戦に持ち込むという日本軍の習熟した戦い方では対応できなかった。増援部隊は、敵の制空権下で、目的地に到着する前に多くの兵員と兵器を失った。やがて、補給が途絶えて食糧にも事欠くようになった日本軍将兵にとって、ガダルカナル島は「餓島」となった。

こうした状況に直面して、辻には臨機の才を発揮する機会すらなかった。絶望的な戦況になっても、必勝の信念に訴え、積極果敢に固執するだけであった。その辻も、一〇月下旬には、作戦失敗を暗黙のうちに認めざるをえなくなっていた。

ガダルカナル敗戦の責任により、辻は参謀本部を去った。辻は、陸大教官となり、その後、大佐に昇進して支那派遣軍参謀に転じ、昭和一九年(一九四四)七月、ビルマの第三三軍参謀を務め、敗戦直前にタイの第三九軍参謀となって終戦を迎えた。大本営に戻ることはなかったのである。

ビルマ時代の辻は、インドからビルマ北部を経て昆明・重慶に至る蔣介石《しょうかいせき》政権援助ルートの遮断継続のために活躍した。それは勝ち戦ではなく、言わばうまく負けるための戦であったが、辻の大胆な作戦指導は評価に値するものであったとされている。ただし、作戦指導に冴えを見せながら、ここでも辻は、干したイギリス軍兵士の肉と称するものを食い部下にもそれを食わせるという異常な行動を取ったという。

敗戦時、辻はタイからベトナムを経て中国に入り、約三年後に極秘裏に帰国した。その体験記『潜行三千里』(注5)は当時のベストセラーとなった。占領期が終わると国会議員となったが、昭和三六年(一九六一)ラオスで行方不明となった。

組織の理念と普遍的価値のバランスをいかに取るべきか

杉森久英は、辻の評伝の後書きに興味深いことを記している。一般に旧軍人について否定的な言辞を吐くのは、いわゆる文化人に多いのだが、辻の場合には、彼を最も痛烈に批判するのは、彼と陸士・陸大の同期生かその前後の元軍人が多い、と。要するに、辻は彼と同世代のエリート軍人から厳しく指弾されたわけである。

村上兵衛は、辻を「地獄からの使者」と形容し、辻は自分の理想とする軍人になろうと熱中するあまり悪魔に魂を売ったのだと評したが、他方では、旧軍人一般を辻と同一視してはならないと述べ、辻はあくまで軍人の「例外中の例外」に属すると主張している。

はたして辻は同期生から痛烈に批判されるような「例外中の例外」だったのだろうか。たしかに、シンガポールの華僑処分の指示とか、バターンでの捕虜処分の偽命令とか、あるいはビルマでのカニバリズムもどきとか、辻の行為には、その理由を彼の特異な性格に求めざるをえない部分も少なくない。だが、彼の参謀としての行為が、すべて特異な性格によるものではなかったことにも目を向けなければならない。

辻は、特異な軍人であり、異色の、あるいは異能の参謀ではあったが、けっして異質な分子ではなかった。異質な分子ではなかったがゆえに、辻は「作戦の神様」として評価され、失敗しても、しばしば枢要なポストに就くことができた。

参謀としての彼の行動は、時としてその職分を超え、典型的な「幕僚統帥」となった。これに眉をひそめる軍人もなかったわけではないが、成功すれば、すべて臨機応変の措置と見なされた。失敗しても、強くとがめられることは稀であった。偽命令を出しても、追認され、赦された。

なぜ、このようなことがありえたのか。辻が、日本陸軍の理念を、極端なまでに追求していたからである。そして、辻が追求していた組織の理念、つまり積極果敢、率先垂範、必勝の信念といったものは、杉森の表現を借用すれば、「小学校の修身教科書が正しい」という意味で正しく、それゆえにだれも公然とは反対できなかった。

辻の強調する理念は、もともと軍事組織の機能を最大化するために掲げられたものであった。軍事組織の機能発揮のためには必要不可欠な理念であったと言ってもいいかもしれない。だれも公然と反対できなかったのは、そのためでもある。辻は、組織の理念を徹底して追求した。彼はそれを体現し、しかも過剰に増幅させた。しばしばその追求は限度を超えた。

それが過剰であり限度を超えていることを指摘し、辻のような人物を抑えるためには、軍事組織の機能発揮という次元を超えた普遍的な価値で対応しなければならなかっただろう。そうした普遍的な価値を持っていれば、杉森の言う「小学校の修身教科書が正しい」という意味とは異なる正しさをもって、辻に反駁を加え彼の言動を抑えることができただろう。

そもそも組織が掲げる理念を実践しつつ、普遍的な価値に基づいて組織の理念をどこまで追求すべきかの限度を明示するのは、リーダーの役割だったはずである。しかしながら、普遍的な価値に基づいて、辻の言動が行きすぎであり間違っていると叱責し、彼を抑えるリーダーは現れなかった。辻のような人物が、組織内で存在を許されただけでなく活躍の場さえ与えられたということは、普遍的価値を身につけながら組織的理念を実践する真のリーダーが、昭和期の陸軍には不在であったことを物語っていたのである。

【注】

1）村上兵衛「地獄からの使者辻政信」（『中央公論』一九五六年五月号）。
2）生出寿『悪魔的作戦参謀辻政信』（光人社、一九九三年）。
3）杉森久英『辻政信』（文藝春秋新社、一九六三年。一九八二年に河出書房新社から文庫版）。
4）高山信武『二人の参謀 服部卓四郎と辻政信』（芙蓉書房、一九八〇年）。
5）辻政信『潜行三千里』（毎日新聞社、一九五〇年）。

第9章

危機に積極策を取る指揮官

山口多聞

理性と情熱のリーダーシップ

山内昌之

リーダーの冷静と激情

どの国の海軍にも荒々しい気風と大胆な冒険者の精神がみなぎる時代があった。一六世紀にエリザベス一世からナイトに叙されたフランシス・ドレークは、もともとスペインの植民地や船を襲って財宝を奪う私掠船長であった。

しかし、海賊めいた勇猛さとスペインへの燃えたぎる敵愾心《てきがいしん》がなければ、一五八八年のアルマダ（無敵艦隊）の撃滅はありえなかったに違いない。

日本でも同じである。一三世紀から一六世紀にかけて中国で倭寇《わこう》と恐れられた北九州や瀬戸内の水軍は、和船のハンディキャップをものともせず、外洋に出かけて海賊じみた戦いを仕掛けたものだ。しかし江戸時代になると、平戸の松浦党の領袖は平凡な領国大名となり下がり、東西の水軍を代表した来島（久留島）と九鬼の両家は陸に転封されて船や水夫《かこ》を失い、航海術のノウハウさえ忘れてしまった。

幕末から明治にかけて近代海軍の建設が叫ばれた時、日本はすでに自前の水軍を失って久しかった。西洋から輸入された軍艦を操る才能は、数学や物理の知識が欠かせない科学技術にも通じる。イギリス仕込みの兵学校で鍛えられた帝国海軍軍人は、スマートな合理主義と理数系の常識に培われた紳士でもあった。かつて、敵陣に槍のように斬り込んだ軍船は、さながら近代の造船の粋を活かした芸術品のような軍艦に変貌し、海軍カレーに象徴される洋食の生活を営むエリートの空間として庶民から羨望の対象になった。

こうして、かつては荒々しい気風を持ち闘争心にあふれていた日本の船乗りからも、日露戦争の勝利を機に「最後のサムライ」が消えていった。その後の帝国海軍はハンモック・ナンバー（兵学校卒業時の成績順）が重視され、秀才たちが年功序列に応じて、赤レンガこと軍政と軍令の拠点、海軍省や軍令部、それに鎮守府や艦隊を往復する官僚組織に変貌したのである。

高級軍人に必要なのは、緻密な戦略・戦術眼に支えられた冷静な状況判断能力であろう。しかし、それだけなら有能な政治家や優秀な文官のエリート官僚の資質にも通じるものだ。軍の提督や将軍に必要なのは、大をなす政治家と同じように、勇敢かつ想像力に富んだ作戦能力なのである。時に激情と闘魂に駆られ勇猛心を発揮する力は、軍人に不可欠の資質にほかならない。努力肌の人物なら後天的に教育や訓練で得られるかもしれない。しかし、物に動じない胆力は、生まれながらの資質に負う点が大きいのではないか。

歴史を見ても、瞬発的な激情をコントロールする自制心を、冷静緻密な頭脳や判断力と結合できたリーダーはめったにいない。第二次世界大戦時の日本には経験豊富で頭脳が冴えた将官もそれなりにいた。しかし、陸海軍ともにいちばん欠けていたのは、判断力と激情という二つの異なるベクトルを合わせ持つタイプの軍人である。

知性教養と勇猛心、寛容と闘魂、粘り強さと決断力。こうした美徳を一つ、あるいは二つ持つだけでも、人間としては逸材である。ましてや、数多くの美質をほぼもれなく兼備した人間はあまりにも少ない。

にもかかわらず、類稀な多くの資質に恵まれた人物もいたのである。その代表例として、昭和一七年（一九四二）六月のミッドウェー海戦(注1)で戦死した第二航空戦隊司令官の山口多聞《たもん》を挙げることに異議を唱える人はまずいないだろう。

ミッドウェーの負け戦《いくさ》でも瞬間的な勝利の光芒を放ちながら歴史の彼方に去った山口多聞の事績を知ることは、日本の陸海軍の失敗を現代人が学び教訓を引き出す拠り所となる。大戦の分水嶺となったミッドウェー海戦は、山口の奮闘によって完敗の汚名を免れたが、山口が命であがなった悲劇の教訓を真摯に学ぶのは、現代に生きる日本人に残された課題でもある。その教えはとりもなおさず、平和な現在においても、混沌の未来に生きる日本人を導く素材ともなるだろう。

判断力と大局観

第一に山口多聞から学ぶべきは、状況が混乱し情報が錯綜している時も揺るがなかった確かな判断力である。所在不明だった敵空母群が日本の機動部隊周辺海域にいる可能性が高くなった時、山口はみずから率いる第二航空戦隊空母の〈飛龍〉と〈蒼龍《そうりゅう》〉の艦上に待機中の急降下爆撃機三六機の発進を第一航空艦隊司令長官の南雲忠一《なぐもちゅういち》に意見具申した（図表9「ミッドウェー海戦の編制」

図表9◉ミッドウェー海戦の編制

アメリカ海軍

太平洋艦隊司令長官　チェスター W. ニミッツ

空母攻略部隊（フランク J. フレッチャー）

第16機動部隊（レイモンド A. スプルーアンス）

空母エンタープライズ・ホーネット、重巡ニューオーリンズ・ミネアポリス・ビンセンス・ノーザンプトン・ペンサコラ、軽巡アトランタ、駆逐艦11隻、油槽船2隻

第17機動部隊（フランク J. フレッチャー）

空母ヨークタウン、重巡アストリア・ポートランド、駆逐艦6隻

補給部隊（ロバート H. イングリッシュ）

潜水艦19隻

帝国海軍

連合艦隊司令長官　山本五十六

主力部隊（山本五十六）

第1戦隊――戦艦大和・陸奥・長門

第1艦隊（高須四郎）

第2戦隊――戦艦伊勢・日向・山城・扶桑
第9戦隊――軽巡北上・大井
第3水雷戦隊――軽巡川内、駆逐艦12隻
空母隊――空母鳳翔、駆逐艦1隻
第1水雷戦隊（一部）――駆逐艦8隻
特務隊――潜水母艦千代田・日進
補給隊――給油船4隻

第1機動部隊（南雲忠一）

第1航空戦隊（南雲忠一）――空母赤城・加賀
第2航空戦隊（山口多聞）――空母飛龍・蒼龍
第8戦隊――重巡利根・筑摩
第3戦隊――戦艦霧島・榛名
第10戦隊――軽巡長良、駆逐艦12隻
補給隊――給油船5隻、給兵船3隻

第2艦隊（近藤信竹）

主隊――空母瑞鳳、戦艦2隻、重巡4隻、軽巡1隻、駆逐艦7隻、給油船4隻、工作艦1隻

出典：淵田美津雄、奥宮正武『ミッドウェー』（PHP文庫、1999年）を一部修正。

を参照)。この的確な判断力は、「ただちに攻撃隊を発進の要ありと認む」という虚飾を排した文章に尽くされている。この簡潔さに山口という人物のすべてが出ているのだ。

もちろん南雲司令長官も発進の必要性を理解していた。しかし彼は、制空支援の〈ゼロ戦〉(零式艦上戦闘機)を欠いた爆撃機を出せば、〈グラマン〉(アメリカ海軍艦上戦闘機)の援護を欠いたアメリカ軍爆撃機のように、敵の餌食になることを恐れた。南雲は小の慈悲にこだわり、山口は大の決心を取ろうとしたのである。

敵空母をえぐるために、八〇〇キログラムの陸用爆弾を艦攻用の爆弾に換える時間帯に敵機の来襲を許せば、無数のガソリンや爆弾が甲板に置かれた状況下で、発火による地獄のような悲劇が出来することは容易に予想できた。

戦には時機がある。しかも、時に戦機は、人間の計算を超えた神の働きにもなる。山口は、陸用爆弾であっても空母の甲板を叩き敵機を発着艦できない状態にすれば、空母対空母の決戦で完全勝利、悪くても五分以上の勝負に持ち込めると考えたのであろう。これは見事な発想の転換である。山口に恵まれていた才は、神秘的ともいうべき非常時にかなった機略の力であり、これは神機というほかない。

万事に「おっくうがり屋」(山口の言)の南雲や公式を重んじる秀才参謀たちは、制空戦闘機の援護のない爆撃機の作戦を危険と見なす優等生の解にこだわった。いつ敵機が飛来するかわからない危険な状況で、換装(爆弾交換)作業を決意したのだから、これは図上演習に慣れた秀才の気楽な選択というほかない。

主力空母〈赤城〉では、すでに雷撃機も八〇〇キログラムの陸用爆弾への搭載換えを終えて、飛行甲板の出発位置に並んでいたのを、再び対艦用の魚雷に換装したのである。

爆弾の種類が何であれ、整備と発進の準備を終えた急降下爆撃隊を発艦させるのは、議論の余地のない常識であり、食うか食われるかの艦隊航空戦の常道であった。

こう述べたのは、ハワイ真珠湾攻撃の〈赤城〉飛行隊長だった淵田美津雄である。淵田は続いて、実に味わい深い言葉を述べている。

「ああ、兵は拙速を尊ぶ。巧遅に堕して時機を失うよりは、最善でなくとも、次善の策で間に合わせなければならない(注2)」

淵田によれば、南雲の取るべき策は、何はさておき、急降下爆撃隊を発進させ、攻撃に向かわせることであった。これはまさに山口の意見具申と同じ発想である。

さらに、本来は雷撃に使う水平爆撃隊も陸用爆弾のままなので、発艦後はすぐに攻撃に向かわせず、まず上空で待機させる間に母艦へ制空支援用の戦闘機を収容し、補給を終えた後に後者を発艦させ、水平爆撃隊の援護につけ急降下爆撃機の後を追うように攻撃に向かわせればよいという。これは、山口の頭脳に瞬時にひらめいた発想にも通じる。

支援戦闘機のない急降下爆撃隊は、アメリカ軍〈グラマン〉の餌食になるのではないかという疑問はその通りである。まさにその危険は大きかった。しかし、部下の犠牲を惜しんだ南雲はこの点に固執し、支援戦闘機への補給を優先するあまり、甲板で待機完了した爆撃機の発進を後回しにして戦闘機を収容した。爆撃機を換装している間に、世界戦史上屈指の敗北を招いてしまったのだ。

勝機は帝国海軍にも十分あったのである。山口の意見具申を容れていれば、珊瑚海海戦(注3)のように少なくとも相打ち、場合によってはアメリカ軍空母三隻のうち二隻を撃沈轟沈し、日本は四空母〈赤城〉〈加賀〉〈飛龍〉〈蒼龍〉のうち一隻の大破くらいで済んだ可能性は、けっして想像だけの世界ではない。

戦後、クリスチャンとなった淵田は人命の尊さをだれよりも強調しながら、指揮官たるものは必要とあれば死地に兵を投じることを迷うべきでないと断言する。彼の警句はまったく正しいだろう。

「目前の悲惨に目を覆われて全局を忘れてはならない。これは洋の東西を通じ、いつの世にも変わることのない指揮官の統率である」

南雲はこの大局を見失う一方、山口は全局をいち早く見抜き、受け身の局面を積極策で転換しようと努めたのである。

誤解のないように述べておくが、山口は、秀才という点では、赤レンガの勤務を繰り返した海軍官僚のなかでも人後に落ちない。兵学校は二番の卒業、海軍大学校は首席の卒業である。そのうえ、二年間にわたってプリンストン大学に留学し、ロンドン軍縮会議にも随員として参加、二年間ほどアメリカ大使館付武官となったのだから、海軍でも山本五十六《いそろく》と並ぶ生粋の国際派なのである。これ以上に秀才という人物は海軍の歴史でも見当たらないほどだ。

それでいて、知識や公式に偏重せずに頭の切り替えが早かったのは、彼のなかに秀才力を超えた天才肌の要素があったからであろう。ここでも淵田の山口評価を引いておきたい。

「山口少将（戦死後、中将）は、当時わが海軍の部将中では、ナンバーワンの俊英であった。頭はシャープで、クラスの席次は二番であった。しかし当時、クラスヘッドやこれに近い人々が、頭のよさはともかく、戦いともなるといっこうにパッとしないものが多かったのに比べて、山口少将は勝負度胸も太く、見識も優れ、判断行動ともに機敏であった。私は緒戦の当初から、南雲部隊はこの人が長官となって指揮したら――とひそかに思っていた」

これは、海軍航空隊の大スターから寄せられた最大級の賛辞であろう。

山口には陸軍の前線指揮官も及ばぬほどの勇気もあったことも忘れてはならない。淵田の評価を再び紹介しよう。

「彼が武将として最も優れていた点は、その持って生まれた剛勇と、稀に見る体力に物を言わせて、いかに困難な状況下でもその全能力を発揮して、冷静沈着に事を処し、しかも判断を誤らなかったことである」

この「剛勇」と「体力」が、山口多聞を理解する次のポイントになる。

闘魂と勇猛心

第二に山口多聞から学ぶべきは、彼が座上した空母〈飛龍〉とその搭載機による敵空母〈ヨークタウン〉への反撃に示した闘魂と勇猛心であろう。山口の人となりも当時の帝国海軍の限界も、すべてこの一事に表れているのは皮肉なことだ。

山口は、ミッドウェー作戦の主力空母のうち〈赤城〉〈加賀〉〈蒼龍〉が大破あるいは沈没と見るや、南雲部隊の指揮を引き継ぐはずの第八戦隊司令官の阿部弘毅に顧慮せず、航空戦の直接指揮を執ることを宣言した。弔い合戦として敵空母三隻に対して一隻で立ち向かう決意をしたのである。

これも瞬時の判断である。「我、いまより航空戦の指揮を執る」という信号にもまったく無駄がない。航空戦なので、年次なら阿部が上でも、素人の指揮を仰ぐよりも専門家の自分が最適だという修羅場での臨機の判断なのである。

一航艦の残存部隊は、〈飛龍〉を中心に囲みながら戦闘継続のため北方に向かった。破局に近づいてようやく、山口が機動部隊の最高指揮官として活躍する出番が出現したのだった。これ以上の歴史の悲劇を知らない。

それにしても山口の旺盛な戦意と敢闘精神には驚かされる。もし、先任だという官僚的な判断から阿部が航空戦指揮を執っていたなら、戦史に残る〈ヨークタウン〉撃沈には至らなかった可能性が高い。この闘魂と勇猛心こそ、山口にあって、南雲はじめ他の機動部隊指揮官になかったものなのだ。

山口の気力を支えたのは、人並み優れた体力と健康であった。その「快食快便」はよく知られており、歯痛や胃痛さえ患ったことがないというからすごい。山口が健啖でいつもステーキなども特大か二人前をペロリと平らげたというのは伝説でなく事実らしい。

こうして普段から気力体力ともに鍛えに鍛えていた山口は、残存の全飛行機を挙げて反撃に賭けた不屈の意地と戦果によって、世界戦史に不朽の名を留めることになった。

作戦参加機は、わずかに雷撃機一〇機と戦闘機六機であった。これで〈エンタープライズ〉〈ホーネット〉〈ヨークタウン〉の空母三隻に立ち向かおうとしたのである。

ほとんど絶望的な状況にあって的確に条件を把握し、とっさに反撃を決意した判断は、指揮官には冷静な論理だけでなく鍛え抜かれた敢闘精神に基づく激情の念も必要なことを示している。

山口が整列した隊員に御神酒《おみき》をついで述べた訓辞は象徴的である。

「わが方はたしかに苦しい。しかし敵も苦しいのだ。死んでくれ。わしもあとからいく」

ある参謀の回顧によれば、山口は「甲乙決めがたい時には、自分はより危険性があっても積極策を取る」と語っていたが、〈飛龍〉はいちばん小粒の空母でありながら、ミッドウェー海戦でアメリカ軍の三空母相手に最後の決戦を挑んだのである。

訓練に次ぐ訓練で指揮官の強烈な闘志が末端にまで浸透していたとはいえ、ほぼ確実に死出の道につながる作戦は、それを現場で支えるパイロットや整備兵がいないと成り立たない。この点でも山口は、真の意味での人心掌握力を持っていた。

同一艦と知らず〈ヨークタウン〉に二度にわたって戦いを挑んだパイロットたちは、山口の勇猛心に心酔し、その統率力に喜んで服した。〈飛龍〉の飛行隊長、友永丈市《じょういち》の九七艦攻指揮官機は、最初のミッドウェー陸上基地攻撃で左翼燃料タンクが被弾したのに、片道飛行を覚悟で笑みを浮かべた顔で発艦した。部下が機を換えようと申し出たのに、軽く手を振って辞したというのだ。

「手前等《てめえら》、死んでも編隊を崩すんじゃねえぞ」

これが最後の言葉であった。

アメリカ側の記録によれば、友永雷撃隊一六機中八機だけが過去の戦闘で見たことがない猛烈な防御弾幕の突破に成功し、投下した魚雷五本のうち二本が左舷前部と中央部に命中した。

「これらは米雷撃隊に匹敵するほどの勇敢さをもって、突撃を試みた。（中略）日本の搭乗員は全員戦死したが、彼らは〈ヨークタウン〉を道連れにしたのである（注4）」

山口に、人格的な感化力だけでなく、一種のカリスマ性もなければ、部下がこれほどの勇猛心を発揮することもなかったに違いない。ここでも、淵田による山口評価には同感あたわざるをえない。

「部下の将兵たちは、彼の命令の前には生も死も名誉利害も考えなかった。海軍将校としてはいわゆる秀才型でも君子型でもなかった友永大尉が、超人的な行為をきわめて自然になしとげたのは、同大尉の隠されていた人となりもさることながら、山口少将の魂がすでにこれらの若人たちに乗り移っていたのであろう」

まさに、山口は兵に将たる器であったといえよう。

責任感と出処進退

第三に、山口多聞は指揮官に問われる責任感と出処進退の点においても見事な手本を示した。たとえ戦争であっても、軍人はみずからの死に場所を必ずしも納得できる形で選ぶことができない。屈辱的な敗戦を喫し幾多の部下を死なせながら、責任感を欠如した高級軍人は、日本だけでなく世界史にも無数に登場する。しかし山口は、死なずともよい局面で責任を取って、加来止男《かくとめお》艦長とともに海に沈んでいった。海軍で艦と運命をともにするのは艦長であり、座乗する司令官ではないとされてきたにもかかわらず……。

私を含めて、自分がいざとなると、いかなる死に方ができるのかを想像できる現代人は少ない。もとより死を美化するものではないが、軍人にしても、かねてから覚悟を決めておきながら、いざ死を選ぶとなると、怯《ひる》むのも当然であろう。だれも、そのためらいや怯《おび》えをとがめることはできない。

しかし山口は、おそらくかねてから非常の時には非業の死が訪れることを予期し、さまざまな状況で死を覚悟して迎える心の準備をしていたのだろう。陸軍でいえば、乃木希典《のぎまれすけ》や阿南惟幾《あなみこれちか》のようなタイプだったのかもしれない。

山口には「昭和の武士」といってもよい風格と典雅さがある。山口には平素から、「武人の死はなお呱々《ここ》の声をあげて世に生まれ出たるに等し」という信念があったという淵田の指摘は正しい。死を軽んじたわけでなく、生を侮蔑したわけでもないのだ。平成の現代人には理解できないだろうが、敗北の屈辱を背負って生きながらえ二重に恥をかくよりも、死して万人を奮い立たせようとしたのであろうか。

その名前は、楠木正成《まさしげ》の幼名多聞丸にあやかって命名されたと聞く。やや宿命めいたものを感じる人もいるだろう。それにしても、淵田も語るように、山口や加来らのせずともよい殉職は、「当時の日本の国柄のもたらした一つの不幸であった」のかもしれない。

しかし山口の行為は、昭和の陸海軍の高級軍人の出処進退への物言わぬ痛烈な批判と抗議にもなっている。高級軍人は、個々の作戦での失敗の責任を取らなかった。彼らは、責任を取らなくてもよい官僚システムに支えられていたのである。そして、未曾有の敗戦を迎えた時に敗戦の責任を取った高級軍人は少なく、戦犯として敗戦責任を国民みずから追及するシステムも生まれなかった。

こうした曖昧な責任回避の楽園に逃避していた軍人のなかで、山口が戦場でためらわずに選んだ責任の取り方は、軍隊だけでなくすべての組織体のリーダーにとって、責任を付託された意味を痛感させることだろう。自決や死をけっして賛美するのではない。彼の不屈の闘魂と揺るぎない責任感の精神を一部でもわがものとすべきではないかと言いたいのである。

実際に、山口はすべての点で無理がなく、現代人にとってさえ、まぶしいほどの男ではないだろうか。その理由は、教育熱心で知的な中流上層の家庭に育った点と無縁でないだろう。父は日銀理事、叔父二人は学習院長と日本で二番目の工学博士であり、山口の長兄も三菱銀行ニューヨーク支店長から重役になった人物である。これほど幸せな家庭で伸び伸びとおおらかに育った人間はいまでも珍しい。

スケールの大きさや高い品性は天賦のものだったのだろう。華族や資産家の出身者なら海軍にもいた。しかし、「氏より育ち」とはよく言ったものだ。生活の心配をせずに育った者が、皆おおらかというわけではない。

他方、山本五十六の周辺にも、苦学しながらも苦労が身につかず権勢欲で人から嫌われ、ミッドウェーの敗戦を招いた軍人もいた。頭脳と体力を駆使して物事を系統的に受け容れる山口は、オーソドックスな秀才であるばかりでなく、明朗闊達を絵に描いたような奮闘努力の人でもあり、人から嫌われる要素がまずなかった。山本五十六が早くから山口を後継者に擬していたという説は、十分に説得力があるのだ。

すべての意味において、将器という言葉は天才肌の山口のためにあるようなものだ。機動部隊壊滅の最後の瞬間に山口が航空戦の指揮を執って、ミッドウェーの屈辱的敗北から海軍の名誉を辛うじて守ったことは、歴史の狡知にして不条理にほかならない。まさに山口は、兵に将たる器であっただけでなく、将に将たる器だったというべきだろう。

【注】

1）昭和一七年（一九四二）六月五〜七日、ミッドウェー島周辺で日米海軍が激突した海戦。アメリカ軍は暗号解読によって、帝国海軍によるミッドウェー攻撃を迎撃。主力空母四隻（赤城、加賀、飛龍、蒼龍）を喪失した帝国海軍は、以後、太平洋での主導権を失った。

2）淵田美津雄・奥宮正武『ミッドウェー』（ＰＨＰ文庫、一九九九年）。

3）昭和一七年（一九四二）五月八日、珊瑚海で帝国海軍と米豪連合軍が激突した、史上初の航空母艦同士の海戦。帝国海軍の損害は連合軍より少なく、戦術的には勝利したものの、機動部隊、航空機ならびに搭乗員を多く失い、また当初の作戦目標であったポートモレスビー攻略を放棄した。

4）『歴史群像　太平洋戦史シリーズ４ミッドウェー海戦』（学習研究社、一九九四年）。

ミッドウェー海戦のｉｆ

すでに太平洋海戦史の記憶も知識も薄れゆく世代には、自然な疑問が浮かぶことだろう。それは、何故に山口多聞がハワイとミッドウェーの大作戦で航空戦の素人の南雲忠一に代わって第一航空艦隊司令長官を務めなかったのかという問いである。山口は、大西滝治郎とともに山本五十六が海軍航空の未来を託した人物である。これほどの大器が国家の危機を救う大作戦の先頭に立たず、隷下の第二航空戦隊司令官に甘んじたあたりに、ミッドウェーに限らず海軍の幾多の作戦失敗の根本原因がひそんでいる。

それは、帝国海軍の人事が戦時においても年功序列とハンモック・ナンバーに左右された弊害にほかならない。山本は海兵三二期、南雲は三六期、山口は大西と同じく四〇期である。軍事史家の秦郁彦氏は、山口が南雲を継ぐのに四年、山本の長官職を受けるのに八年待たねばならない計算になると書いている。戦争が四年足らずで終わったことを考えると、山口は海軍の年功序列人事では戦争中に海軍航空戦や連合艦隊の最高指揮を執る順番はめぐってこなかったというのだ。(注1)

これがアメリカとなるとどうだろうか。陸海軍ともに戦時になると、適材適所と信賞必罰の人事を情け容赦なく徹底した。この凄みはいまでもアメリカの伝統であり、日本の陸海軍にはない厳しさであった。

ミッドウェーで山口と相まみえたレイモンド・A・スプルーアンスの事例は興味深い。彼は、アナポリスの兵学校卒業が一九〇七年（明治四〇）だから山本より五年も古いが、少将になったのは一九四〇年（昭和一五）で逆に二年も遅い。同じ一九四〇年に山本は大将になっており、山口は二年前に少将に昇進していた。しかし、スプルーアンスはミッドウェー海戦の戦隊司令官（山口とほぼ同資格）として武勲赫々《かくかく》の戦果を上げると、すぐ太平洋艦隊参謀長に抜擢され、一九四三年（昭和一八）五月には中将となり第五艦隊司令長官の要職に補せられた。その九カ月後には大将になるというスピード出世であった。

半面、秦氏の指摘によれば、その一期先輩のクラスヘッドだったロバート・ゴムレーは、真珠湾攻撃直後に南太平洋方面海軍司令官に任じられながら、戦意不足と見られてソロモン海戦中に在任半年でクビを切られ、二期先輩の猛将ウィリアム・F・ハルゼーと交代させられた。平時の秀才は戦時の凡才になるという見本であろう。

もう一つ挙げておこう。アナポリス始まって以来の秀才と謳われたハズバンド・E・キンメルは、真珠湾攻撃当時は太平洋艦隊司令長官と合衆国艦隊司令長官を兼ねるほど、フランクリン・D・ルーズベルト大統領のお気に入りであった。三一人あるいは四六人ともいわれる先任者を飛び越し、中将を経ず大将になった異数の人物であった。それでも真珠湾攻撃の責任を厳しく取らされた。軍法会議で予備役少将に降等され、息子も潜水艦勤務から陸上へ移された。このあたりが、アメリカらしく情け容赦のないところなのだ。しかも、死後になって議会は名誉回復を決議したのに、ビル・クリントンとジョージ・W・ブッシュの両元大統領は署名をしていない。

この徹底した信賞必罰に対して、ミッドウェー敗戦後の南雲忠一司令長官と草鹿龍之介参謀長はどうなっただろうか。驚いたことに、この二人は、壊滅した一航艦に代わって新編制された第三航空艦隊の司令長官と参謀長にそのまま横滑りしたのだ。本来なら、山口多聞ら〈飛龍〉の勇者が生還して就くべきポストではないか。南雲や草鹿は山口の霊にどう申し開きをしたのだろうか。

敗因の徹底分析も行わず、連合艦隊司令部でも黒島亀人《かめと》首席参謀らは責任を頰被《ほおかぶ》りしてしまった。もっと驚くのは、草鹿がやがて連合艦隊参謀長にちゃっかり納まり、中将に昇進したことだ。アメリカなら即刻予備役に入れられ、厳しい軍法会議が待っているというのに、帝国海軍の軍紀の乱れはどうしたことか。また、南雲は、サイパン戦死後とはいえ大将にまでなっている。

形だけは「昭和の武士」であっても恥や屈辱を忘れた日本の官僚軍人と違って、アメリカのほうにスプルーアンスのような総合力に恵まれた勇将や、ハルゼーのような見敵必戦の猛将がいたのだ。彼らは真珠湾で受けた屈辱を忘れず、強烈な責任感と自負心を元に日本に弔い合戦を挑み、成功を収めたのである。

この二人の攻勢をかわせる好機と便宜は日本になく、ミッドウェー海戦は敗北を運命づけられていたのだろうか。

そうとは言い切れない。もしミッドウェーで「歴史のｉｆ」を考えるとすれば、基礎条件となるのは、第一航空艦隊司令長官に南雲忠一に代わって山口多聞、その下の第二航空戦隊司令官に山口の代わりに角田覚治《かくたかくじ》（実際には第四航空戦隊司令官）というコンビをつくることであったろう。ほかにもよい組み合わせがあるかもしれないが、旧海軍関係者がこぞって評価するこの二人であれば、ミッドウェー海戦の勝利は偶然的なｉｆだけでない。それどころか、蓋然的なｉｆとして勝利の可能性が浮かび上がったはずである。

実際に、兵学校の一期先輩の角田は、山口の死を惜しんだ。その言葉は万人が随所に引くところである。

「山口少将を機動部隊の指揮官にしてやりたかった。彼の指揮下であるならば、喜んで、一武将として働いたであろうに(注2)」

現場で生死の関頭に立ち奮戦した角田のような指導者なら、山口の真価と本当の使い道をよく知っていたのだ。角田ほどの人物になれば、年功序列やハンモック・ナンバーへのこだわりなどなかっただろう。海軍人事へのいちばん強烈な皮肉ともいうべきだろう。

角田は、昭和一七年（一九四二）の南太平洋海戦で活躍し、陸軍のガダルカナル撤退を海軍で唯一支援した後、翌年には念願の第一航空艦隊司令長官として機動戦で手腕を発揮する機会を得たが、テニアン島で無念の最期を遂げた。当時、大本営参謀だった奥宮正武氏は、山口と角田を帝国海軍で最も勇敢な指揮官だったと回顧しているが、まことに同感である。

アメリカ海軍のハルゼーと比較される闘将・山口、見敵必戦の猛将・角田は、アメリカ軍人もこぞって認める帝国海軍有数の実戦指揮官であった。彼らに共通するのは、戦に臨む不動の信念であり、臨機に重大決断を下せる柔軟な頭脳であった。そのうえ闘魂と敢闘精神はアメリカ人さえたじろがせるほどだった。彼らなら、南雲のように優柔不断を繰り返すことも、致命的な判断ミスを何度も犯すこともなかったろう。

山口と角田のドリーム・コンビがミッドウェー海戦を指揮していたなら、第一航空艦隊の空母四隻〈赤城〉〈加賀〉〈蒼龍〉〈飛龍〉はすべて無傷か一部小破、アメリカ艦隊の空母三隻〈ヨークタウン〉〈エンタープライズ〉〈ホーネット〉はすべて撃沈轟沈か大破炎上という青史《せいし》と真逆の結果となっていた可能性も想定できる。これは贔屓目《ひいきめ》ではない。最悪の場合でも、日本は一隻を失う代わりにアメリカ艦隊の空母二隻を沈めていたに違いない。なぜなら、〈ゼロ戦〉の制空支援による雷撃機や急降下爆撃機の戦闘技術はアメリカ機の追随を許さず、油断や驕《おご》りがなければ負ける戦ではなかったからだ。

それにしても、山口多聞に提督としていちばんふさわしい称は何であろうか。彼が勇将や名将であることは間違いないが、ありきたりの褒辞であまり気に入らない。闘将や猛将というのは豊かな個性の一部しか示していない。賢将や智将には間違いないが、どうも静的であり躍動感は感じられない。

豪将といえばイメージに近づくか。しかし、いちばんピッタリくるのは「鋭将」という表現のような気がする。彼に運命を委ね、采配を信じ切った飛行士や整備員や機関員らは、孤立しても、「鋭卒」となって錐《きり》のように鋭い鋒先で海空の敵に立ち向かう。〈飛龍〉はさながら「鋭師」となり、友永飛行隊は「鋭鋒」として〈ヨークタウン〉を突く。そして、「鋭《えい》猂《かん》」な山口司令官は加来艦長とともに最後の「鋭士」として海に……。
　ミッドウェー海戦の勝者スプルーアンスは戦後、「我々は幸運だったのです」と控えめに感想を述べたものだ。好敵手山口多聞がこの謙虚な言葉を聞くことができたなら、いかなる感想を漏らすであろうか。

【注】

1）秦郁彦『昭和史の軍人たち』（文春文庫、一九八七年）。
2）奥宮正武『提督と参謀』（ＰＨＰ研究所、二〇〇〇年）。

Ⅳ ◉ 戦史の教訓

第10章

ノモンハン事件「失敗の教訓」

情報敗戦

本当に「欧州ノ天地ハ複雑怪奇」だったのか

杉之尾宜生

メドベージェフ大統領のウランバートル演説

二〇〇九年八月二六日、ロシア大統領（当時）、ドミートリー・アナトーリエヴィッチ・メドベージェフは、モンゴルの首都ウランバートルで行われた「ノモンハン事件（ロシア側の呼称はハルハ河戦闘）勝利七〇周年記念行事」に参加した。モンゴルのツァヒアギーン・エルベグドルジ大統領とともに、事件当時のソ連・外蒙古《がいもうこ》（現モンゴル）連合軍司令官ゲオルギー・ジューコフ将軍の記念碑に献花し、この戦闘に参加したソ連・外蒙古両軍の将兵たちに勲章を贈った。

メドベージェフは記念行事の演説で、ハルハ河の戦闘でソ連・外蒙古連合軍は「日本の関東軍に壊滅的な打撃を与え勝利した。この勝利が第二次世界大戦全体の帰趨に大きな影響を及ぼした。……このハルハ河の戦闘における勝利の意味を変更するような歴史の捏造は容認しない」と強調した。

二〇〇九年は独ソ不可侵条約締結（一九三九年八月二三日）七〇周年にも当たる。ヨーロッパでは、この条約がドイツのポーランド侵攻を可能にしたことから、第二次世界大戦勃発へのソ連の戦争責任を問う世論が高まっていた。欧州議会は八月二三日を「ナチズムとスターリニズムの犠牲者を追悼する記念日」に指定することを提起し、メドベージェフはこれに反発、呼応するかのように、先のウランバートルでの演説に至ったのである。

事件勃発から七〇年を経てもなお論議されるノモンハン事件とは何だったのか。

昭和一四年（一九三九）夏、外蒙古と満洲国（現中国東北三省と内モンゴル自治区の一部）の国境沿いのハルハ河で、日本・満洲国連合軍とソ連・外蒙古連合軍が衝突した。これが、ノモンハン事件である。

五月一一日、数十名の外蒙古兵がハルハ河を越えて東岸地域に侵入したことに端を発した戦いは五月末に、日ソ両軍がハルハ河東岸地域から撤退していったん終息した(第一次ノモンハン事件)。ところが、ソ連・外蒙古連合軍は六月一九日、再びハルハ河東岸に侵入した。相互に激闘を重ねた末、八月二〇日にはソ連・外蒙古連合軍が大規模な攻勢作戦を開始し、日本・満洲国連合軍は甚大な損害を受けた（第二次ノモンハン事件）。

戦後、このノモンハン事件はさまざまな視点から研究されてきた。日本においては、もっぱら「作戦・戦闘」の次元・分野に比重が置かれてきたが、ソ連崩壊後、ロシアとモンゴルが機密文書を公開したことで、新事実が解明されつつある。

文献史資料の公開に伴い、軍事分野のみならず、政治・外交分野をも含む、より広範かつ高次な観点からの歴史研究が可能になった。たとえば、ソ連の地図は一九三二年までハルハ河を国境としており、その後ハルハ河東方に国境を引き直したものの、当事者である満洲国にはいっさい通知していなかった。ノモンハン事件の引き金となった、国境紛争の根拠が明らかになったのである。

「歴史の真実」が二〇世紀前半の国際情勢に及ぼした影響を検証することは、断じてメドベージェフの言う「歴史の捏造」ではない。本稿では、新事実に基づき、ノモンハン事件における作戦・戦闘の背後に隠されていた「情報と外交」の実態から、四つの教訓を考察する。

ノモンハン事件の概要

昭和一四年（一九三九）、満蒙国境の情勢は緊迫していた。前年の夏、満洲国東南端の張鼓峰《ちょうこほう》で国境紛争が起こり、(注1)これに触発された関東軍は「満ソ国境紛争処理要綱」を策定して隷下の全団隊にその実行を要求したからである。

五月一三日から一五日にかけて、第二三師団はハルハ川東岸のソ連・外蒙古連合軍(注2)の拠点を攻撃した。第一次ノモンハン事件である。日本側は当初優勢だったが、二九日になると捜索隊二〇〇人が圧倒的なソ連軍の砲撃を浴び全滅した。第二三師団長小松原道太郎は、全般の戦況を考慮して五月三一日に撤収命令を出した。ここに、第一次ノモンハン事件は終了する。

第二次ノモンハン事件は六月一九日のソ連軍による関東軍の後方基地空爆を契機として関東軍司令官が、「越境ソ連・外蒙古連合軍を急襲殲滅《せんめつ》して、その野望を徹底的に破壊する」という作戦方針に切り替えたことで始まった。(注3)

一方、ソ連指導部は駐蒙ソ連軍を強化するため、ジューコフを第五七軍団司令官に任命した。

ジューコフは大兵力の増派を要請し、かくてソ連・外蒙古連合軍は、兵員のほか戦車、装甲車、火砲、機関銃、軍用機などを大量に増強していく。

関東軍は、年内の本格的な侵攻はないと予測していたが、八月二〇日早朝、ソ連・外蒙古連合軍はハルハ河流域にわたる本格的かつ大規模な攻勢作戦を開始した。兵員二万数千人、戦車ゼロ、火砲約一〇〇門の日本側に対し、敵の戦力は、兵員五万数千人、戦車四九八両、装甲車三八五両、火砲五四二門、航空機五一五機の大火力機械化軍だった。日本側の損害は、戦死・行方不明八七四一人、戦傷八六六四人、戦病二二六三人。第二三師団は殲滅寸前の苦境に陥り、八月三一日夜半、かろうじて死線を脱出した。(注4)

ノモンハンの戦闘終焉後、ヨシフ・スターリンに日本軍の評価を聞かれたソ連軍司令官ジューコフは、日本軍の下士官兵を「頑強で勇敢」であると心より称えたという。

折しも、その年の一月に第三五代内閣総理大臣に就任したばかりの平沼騏一郎《きいちろう》は、ソ連に対抗するため日独同盟の締結を模索していた。ところが八月二三日、ドイツはソ連と不可侵条約を締結するのである。そして九月一日、ドイツ軍はポーランドに侵攻した。

日本政府はソ連に対し、九月九日から停戦を申し入れ、九月一六日に停戦協定が成立した(第二次事件終了)。翌日、今度はソ連がポーランドに侵攻し、独ソでポーランドを二分割した。

ちなみに、当時、事件の真相は公表されず、陸軍内や中央指導者の間でも実情は知られていなかった。これが突然、国民に知られるようになるのは、東京裁判でのソ連からの提訴による。(注5)

図表10◉昭和14年（1939）の出来事

日付	日本・満洲国の動き ソ連・ドイツの動き
1月5日	平沼騏一郎内閣成立
6日	ドイツ外相リッベントロップ、三国同盟を正式提案
2月10日	日本軍、海南島上陸
24日	満洲国、ハンガリー、防共協定参加
3月15日	ドイツ、ボヘミア・モラビアを占領・保護領化（チェコスロバキア解体）、ハンガリー、ルテニアを占領・併合
23日	リトアニア、メーメルをドイツに割譲
4月20日	ヒトラー生誕50周年
25日	汪兆銘、ハノイ脱出
28日	ヒトラー、国会演説で独波不可侵条約および英独海軍協定の破棄を声明、ソ連には触れず
5月3日	ソ連外相リトヴィノフ解任（後任はモロトフ）
11日	第1次ノモンハン事件
22日	独伊軍事同盟締結
28日	ノモンハンで捜索隊全滅
6月14日	日本軍、天津英仏租界封鎖
19日	第2次ノモンハン事件
27日	関東軍、タムスク爆撃
7月15日	有田外相・イギリス大使　クレーギー会談（7月22日まで）
26日	アメリカ、日米通商航海条約廃棄を通告
8月12日	モスクワで英仏ソ三国軍事協定交渉（8月22日まで）
20日	ノモンハンでソ連軍攻勢
23日	独ソ不可侵条約調印
25日	閣議、三国同盟交渉打ち切りを決定
28日	平沼内閣総辞職
30日	阿部信行内閣成立
9月1日	ドイツ軍、ポーランド侵攻
3日	英仏、対独宣戦布告、第2次世界大戦勃発
16日	日ソ停戦協定
17日	ソ連軍、ポーランド侵攻
18日	独ソ、ポーランド分割協定
	独ソ不可侵条約について対独抗議
27日	ワルシャワ陥落

ノモンハン事件の再検証

ノモンハンの戦いの背景にある国家間の政治的な思惑や、勇敢無比な将兵たちを無駄死にさせた日本軍幹部の無謀な計画について、近年、さまざまな考察・分析が行われているのは周知の通りだが、本稿では、その問題は別の機会に譲り、異なる視点のテーマを提示したい。

一九八〇年代後半から、ソ連はペレストロイカとグラスノスチ政策の採用により、機密史料を逐次公開し始めた。これに応じて、ソ連の最初の衛星国モンゴルもソ連の軛《くびき》を脱し、モンゴル側の秘密史料を公開するようになり、歴史の見直しが意欲的に進められている。

開放的機運が高まるなか、ノモンハン事件の当事者である日本、モンゴル、ソ連三カ国の学者たちを集めた国際シンポジウムが、ウランバートルとモスクワで開催された。九一年五月に東京で行われた「ノモンハン・ハルハ河戦争国際学術シンポジウム」では、元ソ連戦史研究所研究部長のV・N・ワルターノフが、ソ連軍の戦死傷者を二万五六五五人と発表した。(注6)

九〇年代以降、ソ連軍の損害が公開され、ソ連軍も日本軍同様、大損害を被っていたことが明らかとなった。ソ連軍司令官ジューコフが下した、最前線の日本軍兵士たちへの評価は正鵠《せいこく》を射ていたともいえる。

ともあれ、これ以降、ノモンハン事件を再検証する機運が高まり、二〇〇九年九月、東京でシ

ンポジウム「ノモンハン事件と国際情勢」が開催された。(注7)

ノモンハン事件では、現地の関東軍、中央の陸軍統帥部《とうすい》ともに作戦・戦闘レベルの情勢判断を大きく誤っていた。

では、日本の国家戦略・軍事戦略レベルでの情勢判断はどうだったのか。独ソ不可侵条約の締結に遭遇した平沼騏一郎首相は「欧州ノ天地ハ複雑怪奇」と言って内閣総辞職したが、はたして事態は本当に青天の霹靂だったのか――。

これを基本的な問題意識として、三人のパネラー(元公安調査庁第二調査部長・菅沼光弘氏、元通産省生活産業局長・土居征夫氏、国際日本文化研究センター教授・戸部良一氏)が、日本政府ならびに日本軍の情報戦略を次の三つの視点から検証した。

- ●情報分析:リュシコフ大将亡命の影響
- ●情報活動:陸軍大佐土居明夫の対ソ情報報告
- ●外交情報:独ソ関係見通しの誤算

情報分析――リュシコフ大将亡命の影響

昭和一三年(一九三八)六月一三日早朝、ソ連沿海地方最南端の朝鮮、満洲との国境に接するポシェット地域（ハサン湖地域の国境哨所区域）から、内務人民委員部（ＮＫＶＤ）極東地方長官、三等国家保安委員（三等大将に相当）のゲンリヒ・サモイロヴィッチ・リュシコフが、国境を越えて満洲に亡命した。リュシコフが満洲国国境警備隊に提示した身分証明書には、ソ連内務人民委員ニコライ・イワノヴィッチ・エジョフ（実在するソ連の官僚）の署名があった。

リュシコフは、ソ連の最高国家権力機関議員とソ連共産党中央委員を務める大物である。身柄はすぐに、東京の参謀本部へ移管された。

若くして革命運動に参加し、その功績でレーニン勲章を授与されたリュシコフは、一九二〇年から秘密警察組織チェー・カー（反革命、投機、サボタージュ、職権乱用を取り締まる全ロシア非常委員会。ＫＧＢの原型）に勤務し、ウクライナやモスクワで活動した。その後、国家保安本部の秘密政治部長代理にまで昇進、キーロフ暗殺事件(注8)に始まるソ連共産党中央委員会書記長スターリンの恐怖政治のすべてに関係したといわれている。

当時のソ連軍内部、特にシベリアと極東には強硬な反スターリン勢力が存在しており、日本が侵攻すればこの地域の軍事組織はただちに崩壊する可能性があった。スターリンから厚く信頼されていたリュシコフは、一九三七年八月、ＮＫＶＤ極東地方長官に赴任し、極東の反スターリン派の粛清に辣腕を振るった。

ところが、この大粛清の波は、皮肉にも粛清の実行者であった極東のＮＫＶＤにも押し寄せることになる。自身に危険が迫ったリュシコフは、日本への亡命の道を選んだ。

リュシコフ亡命の報がモスクワに達すると、スターリンはただちに内務省と陸海軍総政治局から要人を極東に派遣した。リュシコフ逃亡の事情を調査し、ポシェット地域の国境警備の入念な点検を行うためである。

沿海地方のポシェット地域ハサン湖一帯には、日ソ双方の暗黙の了解の下に、事実上無防備の国境地域があった。その一帯は低地で沼沢が多かった。極東ソ連の国境警備を管理していたリュシコフは、そのことを熟知していた。だからこそ、亡命にこの地域を選んだのである。リュシコフ亡命後の六月末、ソ連軍は早くも国境警備隊の騎馬パトロールを始めている。

リュシコフの身柄は、京城《けいじょう》（現ソウル）の朝鮮軍司令部を経て東京の参謀本部に移送された。ロシア課では、ロシア語に堪能な甲谷悦雄《こうたにえつお》が本格的な尋問を行った。尋問に際して、リュシコフは、ソ連の国境要塞計画、国境警備隊や極東方面軍の配置計画が記された地図を見せ、ソ連軍の兵員の数、大連のソ連領事館の全情報部員に関する資料などを提供した。

陸軍首脳は、リュシコフのもたらしたソ満国境における日ソの兵力、戦力の格差に驚愕したという。一対三と考えられてきた日ソ両軍の戦力比が、実は一対五以上あったのである。

参謀本部はソ連軍の軍事力、組織構造、武装、配置、戦術の基礎を完全に掌握した。しかし、日露戦争以来、ソ連軍の戦力を過小評価してきた日本陸軍が、従来の認識を改めたかどうかは疑問である。むしろ、これを助長した可能性が高い。

リュシコフの尋問調書は、真偽鑑定のため在東京ドイツ大使館に送られた。ドイツ国防軍情報機関のトップ、ウィルヘルム・カナリスは、辣腕の対ソ情報専門家を東京に派遣し、尋問の成果は報告書「リュシコフ・ドイツ特使会見報告および関連情報」にまとめられた。この報告書をマイクロフイルムに収めてモスクワに送ったのが、ソ連軍参謀本部情報総局（GRU）のスパイ、リヒャルト・ゾルゲである。

リュシコフによれば、ソ連軍内部では高級将校までが粛清され、ソ連軍全体が非常に弱体化しており、極東ソ連軍には強力な反スターリン勢力と不満が存在するために、日本軍の攻撃の前に崩壊するという。参謀本部は、この情報を評価した。

ゾルゲは、リュシコフの主張によって、日本とドイツが、崩壊の危機に瀕したソ連に共同軍事行動を仕掛けるのではないかという危険性を直感した。そこで、ドイツ大使館関係者に「リュシコフは信頼するに値しない人物である」と吹き込み、日独の動きを阻止しようと試みた。この時のゾルゲの活動は、GRUのために行った最大の貢献の一つであったといわれている。

リュシコフの亡命から一年後、ノモンハン事件が勃発し、関東軍は壊滅的な打撃を受けた。ゾルゲ事件の公判を担当した吉河光貞首席検事は、「リュシコフ情報に基づくこの作戦（ノモンハン事件）が失敗したのは、ゾルゲが日本によるソ連軍事力評価をモスクワに送ったため」と証言している。(注9)

ゾルゲ自身は、ノモンハンにおける日本軍の挫折について、親しかったオイゲン・オット駐日ドイツ特命全権大使に次のように語っている。

「リュシコフによる、いわゆるソ連軍の弱体ぶりについての供述はいまや偽情報であることが暴露された。もし日本陸軍がソ連軍を現在の位置から駆逐しようとするならば、四〇〇両～五〇〇両の戦車が必要であろうが、これは日本の産業力の及ぶところではない。ドイツはノモンハン事件の全貌をもっと深く研究して、ソ連軍には本格的に抵抗する力はないという古い考えを退けなければならない。機械化戦力を充実しつつあるソ連軍備に対する客観的分析が必要であるということである（注10）」

情報活動――陸軍大佐土居明夫の対ソ情報報告

モスクワの日本大使館付武官であった陸軍大佐土居明夫は、昭和一四年（一九三九）六月、事件の重大性を看取しシベリア鉄道で帰国した。途中、シベリア鉄道で東進するソ連軍の輸送状況を眠ることなく観察した土居は、ソ連軍が少なくとも火砲八〇門を含む機械化二個師団を満蒙《まんもう》方面に送っていると判断した。

新京《しんきょう》（現吉林省長春《ちょうしゅん》）で、関東軍司令官植田謙吉に「ソ連軍は重大な決意の下に優良装備の師団をもって一気に雌雄を決せんとしており、単なる国境紛争とは異なる。関東軍は主力をもって対処するとともに、場合によっては日本からの増兵が必要だ。その見込みがなければ兵を引いて妥協すべきである」と報告した。ところが、土居の報告は、関東軍参謀たちから完全に無視された。東京に到着すると参謀本部（閑院宮《かんいんのみや》載仁《ことひと》親王参謀総長、中島鉄蔵次長）、陸軍省（山脇正隆次官）、侍従武官長の畑俊六らに直接報告したが、反応は鈍かった。(注11)

局地戦でソ連軍に善戦していることから、作戦指導者の危機感は乏しく、彼らの情勢判断は主観的で、希望的観測しかできなかったようである。高度な判断をすべき上層指導部に至っては、当時、陸軍組織内で大勢を占めていた中堅の幕僚将校らの暴走を抑え込む力を失っていた。

参謀本部ロシア課長、関東軍情報部長として陸軍の情報業務の刷新に努めた土居は、ポーランドとソ連に駐在した経験を持つ対ソ連情報のスペシャリストである。その彼が、現地情報に基づく対ソ要警戒の説を唱えても、陸軍内部では「恐ソ病患者」呼ばわりされた。土居の後輩で、同じくモスクワ勤務、ロシア課長などを務めた林三郎は、「ソ連軍の正しい実態を伝えようとすると、敗北主義者とか恐ソ病患者との非難が浴びせられ、真実を理解させるのに大変難儀した」と述懐している。(注12)

当時、陸軍中枢の幕僚将校は独善的な偏見と予断をもって情報報告に接したため、担当者が望まない報告は一顧だにされないという悪弊が横行していた。軍部も政府も、スターリンの粛清を逃れて日本に亡命したリュシコフの供述や、土居が報告した貴重な生情報（インフォメーション）に対する関心が薄く、ソ連軍の大部隊が極東の辺地ノモンハンに移送された事実とその目的について、戦略的判断に資する情報要求そのものが存在していなかったのである。

陸軍の情報活動は局所的な要求に留まり、矮小化された情報を基に独善的な予断をもってソ連の企図を判断しようとしていた。これでは、ユーラシア大陸を広い視野から眺め、東アジアとヨーロッパの二方面からの脅威に対処するという問題意識を持つスターリンの大戦略を見抜けるわけがない。

日本が情報活動を軽視した例として、土居が大使館付武官時代にソ連国家政治局（ＧＰＵ）の尾行に悩まされ、参謀本部に「ソ連の武官と同様な扱い」を要請したものの、「日本は文化国であり、野蛮国のソ連とは同じにはできない」という返事が届いたことが挙げられよう。

モスクワ陸軍武官室は仕方なく、情報収集用にベンツ製特殊六輪車を購入したが、その運転手として日本から派遣されたのは軍曹であった。ソ連は情報収集に高級将校を多用していた。ソ連の諜報・防諜の徹底と日本の情報軽視の格差を痛感させられる。

土居は帰国後のロシア班長、課長時代とハルビンでの関東軍情報部長時代に、シベリア鉄道沿線を視察しながら日ソ間を往復する軍将校による伝書使《クーリエ》を大幅に拡充した。また、資料整備や情報分析についても改革を進め、特にスターリンの性格思想や戦略研究、スラブ人の民族性、ソ連の戦争観などのバックグラウンド情報の分析に力を入れた。

外交情勢――独ソ関係見通しの誤算

昭和一四年（一九三九）八月下旬、不倶戴天《ふぐたいてん》の敵同士と思われていた独ソ両国が不可侵条約を締結し、世界を驚愕させた。特に、その年の一月以来、ソ連を対象とした同盟締結を独伊との間で交渉し、また五月以降、ノモンハンでソ連軍と対峙する日本にとっては大打撃であった。この衝撃により、時の平沼内閣は「欧州ノ天地ハ複雑怪奇」であると言い残し、総辞職した。

しかし、日本にとって、独ソ不可侵条約の締結は本当に寝耳に水の出来事だったのだろうか。陸軍次官から陸軍各機関に送られた興味深い電文が綴じ込まれた陸軍省の『密大日記　昭和十四年』(防衛研究所戦史部所蔵)によれば、独ソ接近への兆候は、すでに四月下旬から数々の生情報(インフォメーション)が報告されていたという。

戦後、独伊同盟交渉、いわゆる防共協定強化問題について、当時の在外公館では四月頃から独ソが手を結ぶという情報分析がなされていたと、外務省関係者も証言している。[注13] これらインフォメーションが実際に収集されていたのかどうかを史料で確認した結果、駐ドイツ大使館付海軍武官が日本に送った電報、[注14] イタリア大使の白鳥敏夫が送った電文[注15]を確認できる。

特に注目されるのは、白鳥大使の電文である。四月二〇日、ベルリンのアドルフ・ヒトラー生誕五〇周年記念式典に招かれた白鳥は、宴席で外相ヨアヒム・フォン・リッベントロップから、独ソ提携について示唆され、ショックを受けている。

独ソ提携を示唆するインフォメーションがあったことはほぼ間違いない。問題は、それを適切に分析し、情報(インテリジェンス)に転換して有効に活用したかどうかである。

事が起こった後ならば、人はその事態の生起を示唆するインフォメーションの存在に気づくのだが、事前にそれに気づき、それを信用し重視したかどうかは、まったく別次元の問題である。そして、当時の外務省に関する限り、白鳥大使からのインフォメーションは重視されなかったようである。

陸軍省は、反共のドイツと反ファシズム・ナチズムのソ連とが手を結ぶはずがないという先入観だけで、白鳥大使が報告したインフォメーションを信用しなかったわけではない。理由の一つは、白鳥大使が本省の訓令を無視したり逸脱したりして、ドイツ側の同盟構想に同調していたことによる。実際、白鳥は、独ソ接近の可能性を報告すると同時に、これを実現させないためにドイツとの同盟を強く主張した。

独ソ不可侵条約締結の直後、白鳥と呼応して外務省首脳を突き上げた藤村信雄アメリカ局第一課長は、「列国は、国家の理想よりもむしろ物質的利害のために常に離合集散すべきである」と述べている(注16)。このように当然なことを述べなければならないほど、独ソ提携の衝撃は大きかったのである。

白鳥に同調的であった外交官たちは、大きな衝撃を受けながらも、ただちに日ソ提携を主張した。かつて日ソ必戦論を唱えていた彼らが日ソ提携論に転換したのは、独ソ提携だけでなく、ノモンハンでの軍事的な敗北の影響が大きかったと思われる。

もし、日本が独ソ提携を事前に予測できていたなら、ノモンハン事件の展開にどのような影響があっただろうか。常識的に考えれば、ドイツからの圧力から解放されたソ連軍が東方に兵力を向けることを容易に予測しただろう。だとすれば、政府と陸軍省は、できるだけ速やかにノモンハン事件を収束させるよう、現地を指導したはずだ。

事前につかんだインフォメーションや情勢分析を関東軍に提供すれば、彼らも紛争を長引かせず早期収拾を図ったに違いない。そうしなかったのは、関東軍も陸軍省も、独ソ接近を予測できていなかったからである。

平沼内閣総辞職の際の陸軍次官の電報によれば、陸軍は四月以来、独ソ接近を示唆する同種のインフォメーションを収集していた。しかし、これを適切に分析処理し、独ソ提携を予測する情報処理能力を持たなかったのである。

ノモンハン事件の教訓

従来の日本における「ノモンハン事件」の研究は、「作戦・戦闘」の次元・分野が中心だった。ソ連崩壊後は、モスクワの軍事史研究所等からの文献史資料の公開に伴い、軍事分野のみならず政治・外交分野をも含む、より広範かつより高次な観点からの歴史研究が可能になった。

本稿では、事件の作戦・戦闘の背後に隠されていた日本・満洲とソ連・外蒙古を含む、より広範な国際情勢の渦中で展開された「情報・対情報と外交」の実態解明に焦点を絞り、再考察を試みた。その結果を「ノモンハン事件から学ぶべき教訓」として、次の四項目にまとめた。

●情報活動上の教訓
●組織構造上の教訓
●戦略上の教訓
●組織学習上の教訓

情報活動上の教訓

情報活動上の教訓としては、「情報活動における五つのサイクル」に区分して総括する。

①要求する：情報要求・情報関心の明示はトップの責任である。
②収集する：インフォメーションを収集する。
③処理する：インフォメーションを分析処理してインテリジェンスに転換する。
④判断する：トップの情報要求に対して、情報見積もり・情勢判断をする。
⑤報告する：トップおよび関係者に適時に報告・通報する。

情報活動の基本である「情報要求・情報関心」の第一過程において、ソ連は最高指導者のスターリンが「日独の東西二大脅威の存在を回避する」という大戦略を掲げ、一貫性ある情報要求・情報関心を明示した。

組織のトップは情勢判断をするうえで、「いつ、何を、判断するか」が最も重要である。それには、判断の決め手になるインテリジェンスを情報要求として確定し、各情報機関に明示しなければならない。これが、全情報機関の情報活動の指針・準拠になるからである。

トップに明確な戦略と問題意識がなければ、国家としての情報活動に指針・準拠となるべき情報要求を明示することは不可能である。したがって日本の情報機関は、情報活動を律する根本、ベクトルを欠いた状態で個別的な情報収集に終始し、国家的に統合された情報活動は展開されていなかったといえるだろう。このことが、ノモンハン事件をめぐる日本の政治・外交・軍事の対応の拙劣に大きな影響を及ぼした。

第二過程の「インフォメーションの収集」については、陸海軍、外務省で独ソ接近に関する事実や兆候をかなり収集していた。しかしながら、これらが第三過程でどのように分析処理されていたかが問題になる。

陸海軍、外務省がそれぞれ独自に収集したインフォメーションに接する時、後世の我々は、スターリンの戦略的な意図を、あるいはソ連・外蒙古連合軍の八月攻勢を示唆する「良質の真のシグナル」を容易に判別できる。しかし、事態の渦中にあって、当時の情報業務の従事者たちには、そのインフォメーションが「真のシグナル」なのか、「(相手側が意図的に流した)偽のシグナル」なのか、あるいは「(トップの情報要求には無関係の情報的に価値のない)ノイズ」なのかを判別することは至難の業である。したがって、インフォメーションを分析し、戦略的な意義づけを行いインテリジェンスに転換する第三過程は、例外なく優れた情報分析の専門家集団である情報処理機関において実践されなければならない。

では、関東軍司令部の幕僚将校や参謀本部の情報部は、土居明夫がもたらしたソ連軍の大規模な軍事行動を示唆するインフォメーションをどのように分析処理し、インテリジェンスに転換したのであろうか。

参謀本部、関東軍司令部の指導層は、ノモンハン付近におけるソ連・外蒙古連合軍の軍事行動についてのクレムリンの戦略的な意図に関する情報要求も情報関心も持ち合わせていなかった。それゆえ、インフォメーションの適切性・信頼性・正確性を審査する分析処理という最も基礎的な過程を経ずに、土居の報告は黙殺されたのである。

いずれにしても、収集したインフォメーションを分析処理してインテリジェンスに転換し、トップの情報要求・情報関心に応える情報見積もり・情勢判断をするためには、高度な教育訓練を受けた情報専門家の集団である国家中枢情報機関が育成・整備されていかなければならない。

残念ながら、ノモンハン事件前後の日本には、スターリンが示した「日独二大脅威の回避」に匹敵する戦略的課題を構想するような指導者はいなかった。独ソ不可侵条約の締結に接した平沼首相が「欧州ノ天地ハ複雑怪奇」と言い残し、内閣総辞職に至ったことは、日本のトップが直面する対外政策上の重要課題を具体的に構想していなかった証左であろう。日ソの戦略的対応の賢愚巧拙の格差は歴然たるものがある。

組織構造上の教訓

スターリンは、国際的には共産主義運動の中枢組織コミンテルンを駆使し、国内的には外務人民委員（外相）ヴャチェスラフ・ミハイロヴィッチ・モロトフと国防人民委員（国防相）クリメント・エフレモヴィッチ・ヴォロシーロフという「二頭立ての馬車」を制御して、これらを一元的かつ有機的に組織化して戦争指導を展開していた。

ひるがえって日本では、陸軍省と外務省とが連携せず、また陸軍中央と関東軍とは円滑な意思疎通がなされず、各組織がひたすら部分最適を追求した。ソ連のように、中央集権的な国家の最高意思決定機構を構築することが急務であったのに、そのような問題意識はついに提起されることなく、自己革新も具現されなかった。政府機関ならびに陸海軍に巣食う官僚的な組織体制と分権的なセクショナリズムによって、政府が情報活動を集権的に総合し、全体最適を目指して大局的判断をなす、中央集権的な意思決定組織の構築は阻まれたのである。

スターリンが奇々怪々な国際間のインフォメーションを的確に分析し、国家の命運を判断するインテリジェンスに転換せしめたことは見事である。スターリンが日独・英仏を巧みに操りながら国防強化と国権伸張を図ったのに対し、日本の最高政治指導者である平沼首相は内閣を放り出してしまった。ノモンハン事件前後を通じて、平沼首相がどのような情報要求・情報関心を抱いていたかは不明であるが、日ソ両国のトップの情報活用の姿勢には、大きな質的な格差を感じざるをえない。

戦略上の教訓

スターリンがノモンハンの地で展開した軍事戦略は、東西（日本とドイツ）から挟撃されかねない脅威をいかに分散させるかという大戦略に淵源するものであった。一方、日本の指導者には、ノモンハンという局地における作戦・戦闘を立案するといった戦術的思考のみで、スターリンが構想したような次元の大戦略や軍事戦略を構想するなどは望むべくもなかった。

このような日ソの落差はどうして生起したのだろう。

一つには、当時の日本が、政治、外交、軍事を総動員して、ソ連の企図を総合的に判断し、国家的な次元での情報戦略を構想するという体制を持たなかったことが挙げられる。これは、複雑かつ流動的な国際情勢のなかで国益を守るための基本である。そのことをノモンハン事件が教えている。

関東軍は、単なる国境紛争との認識から抜け切れず、茫漠たる草原・砂漠地帯七〇〇キロメートルを移動して輸送・補給するソ連・外蒙古連合軍の兵力と企図を最後まで正しく判断できず、ソ連の攻勢の前に所要に満たない兵力の逐次使用を続けた。

日本の指導層は、現実に生起する社会現象（危険・危機・戦争）を社会科学的に分析・評価して、現実の問題を社会科学的に制御しようとする態度と能力を涵養しなかった。(注17) そのため、「当面の国家的危機」についての統一的な戦略や問題認識を持たず、支那事変（日中戦争）の処理に難渋していた。出先の現地軍が戦力差を考えずに攻撃する「見敵必攻」という惰性を放任したのも、陸軍統帥部が現地軍（関東軍）を制御する堅確な意志と力量を欠いていたからである。

こうして、国務と統帥は統合されることなく、有限な国家資源は分散浪費された。情報活動、組織構造、戦略──これら三つの要素が有効に機能していれば、幕僚将校の独善的な偏見による専断専恣《せんし》に翻弄されたノモンハンの悲劇は避けられたかもしれなかったのだ。今次の大戦の最大級の痛恨事である。

組織学習上の教訓

ノモンハン事件は、大戦略、軍事戦略、作戦、戦術という四つの次元において教訓の宝庫である。しかし、残念ながら日本では、大戦略と軍事戦略についてノモンハン事件の失態から学習する国家的な施策が採用されることはなかった。

わずかに作戦・戦術の次元において、陸軍が「ノモンハン事件調査委員会報告」をまとめているが、これが陸軍の自己革新に有効活用されたという事実を筆者は寡聞にして知らない。(注18)

みずからの敗北と失敗の体験を組織の知的資産として活用するか、あるいは隠蔽・無視して敗北と失敗のスパイラルに陥るか──ここに、指導者層の見識が問われる。

現代を生きる私たちは、「己《おのれ》の経験から学ぶ」という国家次元の組織学習の機能と機構を整備・運用しているだろうか。七〇年以上前の「ノモンハン事件」に接する時、「人間は歴史から何ものをも学ばないことを、歴史から学ぶ」という、イギリスの歴史家ジョン・アクトンの悲観的な箴言《しんげん》を想起せざるをえない。

【注】

1）日本は張鼓峰事件、ソ連はハサン湖事件と呼ぶ。
2）ソ連軍とは、ソビエト社会主義共和国連邦労働者農民赤軍のこと。
3）林三郎『関東軍と極東ソ連軍』（芙蓉書房、一九七四年）。
4）中山隆志『関東軍』（講談社選書メチエ、二〇〇〇年）。
5）昭和二〇年（一九四五）八月九日、日ソ中立条約が有効であるにもかかわらず、ソ連は満洲・北朝鮮に侵攻し、日本がポツダム宣言を受託した後も樺太、千島列島に侵攻し続けた。東京裁判では、戦時国際法違反を犯したソ連の代表者が検事席につき、日本が被告席に据えられた。ソ連側はノモンハン事件を持ち出し、日本側が主動的かつ侵略的に敵対行為を開始したと主張した。
6）ドミートリー・ヴォルコゴーノフ『勝利と悲劇――スターリンの政治的肖像』（朝日新聞社、一九九二年）。
7）軍事史学会・偕行社近現代史研究会の共催による。
8）昭和九年（一九三四）一二月、大物政治家セルゲイ・ミローノヴィッチ・キーロフが反スターリン派に殺害された。暗殺はスターリンの命によるという説もある。
9）白井久也『ゾルゲ事件の謎を解く』（社会評論社、二〇〇八年）。
10）白井久也編『ゾルゲ資料集』（社会評論社、二〇〇八年）。
11）土居明夫伝刊行会編『一軍人の憂国の生涯――陸軍中将土居明夫伝』（原書房、一九八〇年）。
12）注3に同じ。
13）外交史料館記録『日独防共協定関係一件』「防共協定ヲ中心トシタ日独関係座談会記録（第四回）」。
14）伊藤隆編集『高木惣吉 日記と情報 上』（みすず書房、二〇〇〇年）。

15）小尾俊人編『現代史資料 3』（みすず書房、一九六二年）。
16）「帝国外交方針要領案」一九二九年八月三〇日（外交史料館所蔵）。
17）小室直樹『危機の構造』（ダイヤモンド社、一九七六年）。
18）参謀本部『ノモンハン事件調査委員会報告』（防衛研究所戦史部所蔵）。

第11章

戦艦大和特攻作戦で再現する

合理的に失敗する組織

菊澤研宗

山本七平の空気論

二〇〇九年夏、ＮＨＫで放映された『日本海軍 四〇〇時間の証言』のなかで、「海軍反省会」の証言者はことごとく、日本軍の失敗の理由に「空気」を挙げた。神風《しんぷう》特攻隊も戦艦大和の特攻作戦も、空気で決まったのだという。その内容は、山本七平が『「空気」の研究』（初版は一九七七年、文藝春秋より）で分析したものにほかならない。

山本七平は、日本軍の意思決定プロセスにおいて、組織全体が集団催眠にでもかかったように「得体の知れないもの」に覆われたと分析し、それを「空気」と表現した。そして、空気による非合理的な意思決定が、日本軍の失敗の本質であったと結論づけた。

山本七平によれば、空気とは、物的存在としての対象の背後に臨在的に存在していると感じられるものであり、人間がそれを神のように全体的存在として認識し、逆にそれに支配される状態をいう。

「臨在感的把握を絶対化する対象があり、従って各人はそれらの物神によりあらゆる方向から逆に支配され、その支配の網の目の中で、金縛り状態になっているといってよい。それが、結局、『空気』支配というわけだ」（『「空気」の研究』）

先の旧海軍将校の証言は、空気という言葉が、いまなお多用されていることを証明してみせた。

しかもそれは、責任逃れの弁解に使われることが圧倒的に多いのだ。

たとえば、不正を働いた社員は「そういった空気が社内にあったからだ」と言い、それを注意しなかった上司も「不正を容認せざるをえない空気があった」と言う。部外者は、「そういう空気があった」と言われると、なるほどそういうものかとうなずいてしまう。空気を持ち出すことによって、当事者は、それ以上の追及を免れ、自己正当化ができるというわけだ。

だが、不正を働いた人も不正を黙殺した人も、そうするのには、彼らなりの理由があったはずだ。同様に、山本七平が「戦艦大和の沖縄特攻作戦」で取り上げた海軍の意思決定プロセスにおいても、上層部にはそれなりの合理性があったように思われる。しかし、山本は、その理由を説明していない。初めから非合理的「空気」があったからだと言うのである。

そこで本稿では、オリバー・E・ウィリアムソン(注1)の取引コスト理論を用いて、〈大和〉特攻作戦を分析し、どのように空気が発生するのか、その合理的なメカニズムを明らかにしたい。空気発生メカニズムが明らかになれば、この言葉を責任逃れの弁明としてむやみに使うことは許されなくなるだろう。

戦艦大和特攻作戦における意思決定プロセス

戦艦大和の沖縄特攻作戦は、昭和二〇年(一九四五)四月六日に決行された。(注2)その前年から、「一億特攻」の精神の下、海軍では特攻用が中心的兵器になっていた。昭和二〇年三月一日には練習航空部隊を特別攻撃隊に改編し、すべての航空機は特攻部隊に帰属した。そして、アメリカ軍による本土攻撃が激しさを増すなか、海軍は次々と航空部隊による特別攻撃を行った。

しかし、その効果は限定的であった。四月一日、アメリカ軍はついに沖縄本島に上陸を開始。海軍は、四月六日以降、アメリカ軍艦船に対し航空機による特別攻撃を繰り返した。「菊水作戦」である。

四月二日、連合艦隊司令部があった横浜・日吉から、草鹿龍之介《くさかりゅうのすけ》連合艦隊参謀長、淵田美津雄航空甲参謀、三上作夫作戦参謀が九州の鹿屋《かのや》に出張した。その間に、神重徳《かみしげのり》連合艦隊首席参謀が、海軍水上部隊が何もしないことを弾劾したため、豊田副武《そえむ》連合艦隊司令長官は、海軍の誇る〈大和〉を沖縄に突入させる決断を迫られた。

連合艦隊の提案から軍令部決裁へ

戦艦大和の特攻作戦が浮上したのは、実は、これが初めてではない。アメリカ軍がサイパンに上陸した時、軍令部（陸軍の参謀本部に対応する機関）では、〈大和〉を中心とする戦艦部隊をサイパンに突入させる意見が出た。この時、軍令部は、〈大和〉がサイパンまで到達することは難しく、たとえ到達したとしても、機関、水圧、電力が無傷でない限り主砲の射撃ができないことを理由に作戦を中止した。

作戦推進派の筆頭であった神は、上層部の弱腰を非難した――〈大和〉や〈武蔵〉を出し惜しんで、今後使い道があるのか。何とかしてサイパンにたどりつき、海岸に乗り上げ砲撃できれば、少なくとも六カ月間はアメリカ軍の侵攻作戦を足踏みさせられる。上層部にその決断ができないのは残念だと嘆いた。

こうした状況で、神が首席参謀として連合艦隊司令部に着任する。そこで、持論であった「戦艦大和特攻作戦」を再び主張し始めたのである。

〈大和〉は、今度の機会を活かせなければもう使い道がない。航空特攻だけに期待して水上部隊は何もしなくていいのか。成算があるかないかより、どうやって花道を飾るか、どうやって最後の花を咲かせるか、これが重要なのだと。

豊田連合艦隊司令長官は、神参謀の意見を受け入れた。戦後、豊田はこの時の胸の内を次のように明かしている。

「〈大和〉の作戦はうまくいったら奇跡だと思っていたが、急迫した戦局でまだ働けるものを使わずに残しておき、現地の将兵を見殺しにすることは忍びない。多少でも成功の可能性があれば何でもしなければならないという気持ちで決断をした」

豊田連合艦隊司令長官の決裁を受け取った神参謀は、さっそく軍令部に出向いて、作戦部長の富岡定俊にこの計画を説明した。ところが、富岡が反対したため、軍令部次長の小沢治三郎《じさぶろう》にかけ合った。

「連合艦隊司令長官がそうしたいという決意ならよかろうと了解を与えた。全般の空気よりして、その当時もいまも当然と思う。多少の成算はあった。次長たりし僕に一番の責任あり」

小沢の回想である。

軍令部総長の及川古志郎《おいかわこしろう》も、そこまでやらなくても、と考えていたが、ほかに道がないので承認したという。

これら海軍上層部の証言を見る限り、〈大和〉特攻作戦は、消極的な意見が集約された合意形成であり、意思決定プロセスは非常に曖昧である。

この特攻作戦は、連合艦隊司令部から発案されて軍令部が承認するという正式なプロセスを踏んでいた。ところが、鹿屋に出張していた草鹿参謀長と三上作戦参謀に神参謀が電話で伝えると、二人はこの作戦に納得できず、激しい議論となる。

神参謀は「陛下から、航空部隊だけの総攻撃かというご下問があった」と言って彼らを説得した。さらに草鹿参謀長は、戦艦大和の指揮を執る伊藤整一第二艦隊司令長官への説明役を押しつけられた。

連合艦隊司令部の命令から実行へ

四月六日、草鹿参謀長と三上作戦参謀は山口県徳山沖に仮泊する〈大和〉を訪れ、特攻作戦計画を説明した。ところが、大和艦隊を指揮する伊藤長官と対立してしまう。

伊藤長官は海軍大学校をトップで卒業した、アメリカ帰りの知性派エリートである。特攻作戦の説明を受けて、彼がまず疑問を持ったのが、〈大和〉の燃料が沖縄までの片道分しか用意されないことであった。さらに、〈大和〉を中心とする水上部隊には航空機による護衛がないため、無抵抗のままアメリカ軍爆撃機に攻撃され、おそらく目的地である沖縄まで到着できないことであった。

また、〈大和〉に随伴する計九隻の艦長も、この作戦に反対した。帝国海軍始まって以来、初めて上からの命令にクレームがつけられたのである。

燃料片道分の問題は、関係者の非公式な努力によって六三〇〇トンを満タンにはできないものの、四〇〇〇トンの積載が可能となった。それでも、戦闘後帰還するのに十分な量ではない。

そもそも、沖縄まで到達できるのか。できなければ、何のための沖縄出撃か――この点に、伊藤長官は納得できなかった。他の艦長も同調、来るべき本土決戦で、押し寄せるアメリカ軍と刺し違えるべし、と主張した。

その時、草鹿参謀長と三上作戦参謀は、論理的な説明ができず、結局、「一億玉砕の魁《さきがけ》になってもらいたい」と懇願した。

それまで理詰めで反論していた伊藤長官は、「一億玉砕」と聞いて、一転、沖縄出撃を了解する。

そして、各艦長を集めて、草鹿参謀長が作戦の趣旨を説明した。

そこでも反論が出たが、「我々は死に場所を与えられたのだ」という伊藤長官の一言で、全員が納得したといわれている。

四月六日午後、〈大和〉は九隻の駆逐艦を引き連れ山口県徳山から沖縄に向けて出港した。翌朝、南下中の連合艦隊の上空を第二〇三航空隊の〈ゼロ戦〉（零式艦上戦闘機）一二機が護衛した。そのなかに、伊藤長官の息子叡《あきら》がいた。やがて燃料が少なくなると、〈ゼロ戦〉は南九州へ引き揚げていった。

その後、〈大和〉はアメリカ軍機に発見され、二時間にわたって戦闘機三〇〇機以上から集中攻撃を受けた。航空機の護衛がない〈大和〉は左側面を雷爆撃され、ほとんど応戦できないまま、東シナ海に沈んだ。その二週間後、父を追うようにして、叡は特攻隊員として沖縄の空に散った。

伊藤長官の論理的思考は空気で説明できない

戦後、多くの軍事専門家が指摘するように、太平洋戦争では戦艦同士の一騎打ちから、戦闘機中心の空母による近代戦へと戦術が変化した。このことは、海軍上層部も認識していた。事実、軍令部は、サイパン陥落後に〈大和〉の特攻作戦を中止している。

ところが、太平洋戦争末期になると、護衛機をつけない戦艦の突撃作戦を無意味に繰り返すようになる。サイパンの戦いでは正しい現状認識と合理的判断がなされたのに、なぜ、沖縄作戦では非効率かつ非合理極まりない戦術を決行したのだろうか。山本七平は、「空気」が発生したからだと言う。

山本流に解釈すれば、伊藤長官の意思決定プロセスは次のようになる。

伊藤長官は、当初、作戦に納得することができなかった。護衛機のつかない〈大和〉を突入させるのは、作戦としての形を成さない。これを認識している草鹿参謀長と三上作戦参謀の説明に、伊藤長官が納得するはずはなかった。

しかし、陸軍の総攻撃に呼応して敵上陸地点に切り込み、ノシあげて陸兵になるところまで考えてほしいと言われ、伊藤長官は即座にその意を理解した。非合理な作戦であろうとなかろうと関係ない。「一億玉砕」は、議論の余地のない、組織の決定なのだ。

伊藤長官は反論も不審の究明もやめて、この作戦を了解した。しかし、それは論理的に納得したからではない。彼は、空気の決定に従ったのである。

山本七平によれば、戦艦大和特攻作戦の論理性を疑っていた伊藤長官は、空気を読み、不審の究明をやめたのだという。

だが、当時、日本の最高頭脳が集まった理系中心の海軍上層部にあって、司令長官の地位にある者が、論理性をまったく無視して判断を下すだろうか。

先述したように、戦艦大和特攻作戦は、海軍の正式なプロセスを経て決定し、伊藤長官ならびに護衛艦長たちに説明された。その際、帝国海軍創設以来、初めての異常事態が起きた。現場指揮官が、軍令部の命令に反対したのである。

山本も指摘するように、伊藤長官は、〈大和〉にとって自殺行為に等しい作戦に納得できず、反論した。その彼が、「一億玉砕」と聞いて特攻作戦を認めるまでの間、どのように逡巡したのか。山本七平は分析していない。

「空気」の本質を科学的に分析する

見えないコストの実在

伊藤長官ならびに護衛艦長たちが、反対意見を取り下げ「空気に従う」までの論理的判断は、どのようなものだったのか。二〇〇九年度ノーベル経済学賞を受賞したオリバー・E・ウィリアムソンの取引コスト理論に従って分析してみたい。

ウィリアムソンによれば、すべての人間は完全に合理的でなく、また完全に非合理的でもなく、限られた情報のなかで限定合理的に行動すると仮定される。また、人間は機会があれば相手のスキにつけ込み、利己的利益を追求する機会主義的存在でもあるとする。

このように限定合理的で機会主義的な人間同士が自由に取引する場合、互いに相手を警戒し、駆け引きする。それゆえ、人間の交渉・取引には、さまざまな駆け引きに伴う多大な無駄が発生する。この無駄が取引コストである。

たとえば、ある企業で成功している既存ビジネスに、意図せざる不正が内在していたとしよう。もし、すべての人間が完全に合理的ならば、すぐに事態を公表するかもしれない。というのも、利害関係者は皆完全に合理的なので、駆け引きすることなくその状況を理解してくれるからである。それゆえ、多大なコストを負担することなく、より正しく効率的な方向へとビジネスを修正することができるだろう。

ところが、実際には話はそれほど簡単ではない。人間は限定合理的なので、不正を正直に公表すると、事態をすぐに理解できない人がいる。なかには駆け引きしてくる人もいるだろう。それゆえ、軌道修正するのに長い時間とお金をかけて地道に説得する必要がある。

そういう人々との交渉には膨大な無駄、つまりコストが発生する。このような人間関係上のコストが取引コストである。このコストは会計上に表れないコストであり、この意味で見えないコストである。しかし、これが人間を不条理に導くのだ。

「空気」が発生するメカニズム

組織にとって、もし不正を公表することに伴うこの人間関係上の取引コストがあまりにも大きければ、公表することによって得られるメリットを差し引いても、不正を隠し続けたほうが得になる場合がある。

この場合、組織にとって社会的合理性と組織の個別合理性は不一致となり、人間は、個別合理性を追求したほうが得との判断の下に、不正の隠蔽を選択する。この計算合理性が、組織を不条理に導くことになる。(注3)

この時、組織のメンバーの行動は反社会的となる。彼らはそれを自覚しているので、自分たちの行動の正当性を公言できず、沈黙せざるをえなくなる。やましき沈黙。これが「空気」発生のメカニズムである。

もちろん、初めから「空気」が存在するわけではない。メンバー一人ひとりが取引コストを計算した結果、それが社会的に不正で非効率的であろうとも、「沈黙したほうが得だ」と判断するのである。組織に属する以上、反社会的な行動を取ることが組織の論理(個別合理性を追求する)にかなうならば、沈黙(社会的合理性を捨てる)してこれに従うのが彼らの合理的計算の結果であり、そこに非合理的な要素はない。

特に、人間関係に敏感で、長年にわたって人脈を形成している人は、人間関係に関わるこの見えない取引コストの存在を認識しやすく、即座に沈黙の意味、つまり空気を読む。そして、それによってみずからの行動が制約されるのである。

一方、組織内の人間関係が薄い人や人間関係に鈍感な人、また組織外部の人々は、取引コストの存在を十分認識できないため、反社会的な行動を非合理的と見なす。こういう人たちは、組織内の空気を読めない可能性が高い。

戦前戦後を通じて人間関係を重視してきた日本人の組織では、人間関係上の取引コストが発生しやすく、人々も容易にそれを認識する。特に、日本軍組織は、メンバーが人間関係上の取引コストを即座に計算するため、空気が発生しやすく、空気に支配されやすい体質だったといえるだろう。

計算合理性に基づく意思決定

当時の海軍上層部にとって、海軍の象徴であった〈大和〉の沖縄特攻に反対し、〈大和〉を温存したまま戦いに敗れた場合、どのような取引コストが発生することになったのか。これを、事前と事後に分けて考えてみよう。

●作戦の検討段階で、軍人が反対を唱えるのにはそれなりの根拠がある。〈大和〉の場合は特攻作戦の非合理性と非効率性であった。だが、それを訴えれば、熱情型の軍人から卑怯者と揶揄されることが十分予想できた。軍人にとって、卑怯者と罵られるのは耐えがたい苦痛である。冷静かつ論理的に反論しても、言い逃れと受け取られてしまう。この状況で反対して被る取引コストはあまりにも高い。反対派の軍人たちは、そのコスト負担を認識していたはずである。

●天皇陛下を説得するための取引コストも高かった。というのも、及川軍令部総長が、沖縄方面の戦況ならびに航空機による特攻作戦を奏上した時、陛下から「海軍にはもう艦はないのか。海上部隊はないのか」と重ねてご下問があったからである。海軍上層部はこれを「水上艦艇は何をしているのか」という叱責の言葉と受け取った。

●若く未熟なパイロットを中心に構成された海軍航空部隊は神風特攻隊として敵に体当たりし、陸軍も特攻攻撃を展開していた。この状況で、海軍を象徴する水上部隊だけが無傷でいるわけにはいかない、もはや〈大和〉を温存し続けることは許されないと、海軍上層部は考えた。しかも水上部隊は、陸軍からも海軍内部からも、役に立たないのではないかと見られ始めていた。そういう偏見が定着すると、これを取り除くための事後的な取引コストはあまりにも高かった。

●敗戦が濃厚であった当時、〈大和〉を温存すれば、戦勝軍に接収され、戦利品として見世物にされる可能性が高かった。事実、戦後、海軍の戦艦は水爆実験の的として使用された。これは海軍にとっては最大の恥辱であり、そういった事態を事後的に阻止する交渉には、あまりにも高い取引コストが発生したであろう。

以上のように、海軍上層部は、〈大和〉の温存によって、事前また事後的に発生する多大な取引コストの存在を容易に推測できたであろう。特に、日本の敗戦が視野に入っていたエリートたちは、さまざまな取引コストの大きさを容易に理解できたはずである。

一方、伊藤長官と艦長たちにとって、戦艦大和特攻作戦の論理的矛盾は許しがたいものだった。ところが、草鹿参謀長や三上作戦参謀と議論を深め、情報を得るなかで、それぞれが見えない取引コストの存在を認識し、それを計算し、〈大和〉にとって、また海軍組織にとって、沖縄特攻が合理的であると判断したのだろう。

「〈大和〉は、死に場所を与えられたのだ」

一同は、「もはや、反論できない」と覚悟し、沈黙した。〈大和〉特攻をめぐる「空気」が生まれた瞬間である。

初めから「空気」が存在したわけではない。一人ひとりが合理的に計算し、その結果、沈黙し決定に従うことが得だという点で計算が一致したのだ。彼らは合理的に「空気」を生み出し、それに従ったのである。

いかにして、空気に水を差すか

取引コスト理論の限界

取引コストは会計上表れない「目に見えない」コストであるが、ほとんどの人間はその存在を認識できる。それゆえ、「空気による意思決定」に反論するには、参加者が負担する取引コストを低減し、社会的合理性と個別合理性を一致させる必要がある。そのために、法律や規則などのさまざまな取引コスト節約制度を事前あるいは事後的に設計するというのが、新制度派の取引コスト理論の解決案である。

しかし、制度の形成自体に別のコストがかかるため、この解決案は必要ではあるが十分ではない。特に、取引コストをゼロにするような完全な制度を形成するには、最大のコストがかかる。限定合理的な人間は、最大のコスト負担を避けようとするので、完全な制度を形成しようなどとはまず考えない。また、たとえ完全な制度が形成されたとしても、それに従えば多大なコストを負担することになるので、手抜きをしようとするだろう。そのほうが経済合理的だからである。

では、限定合理的な人間の集まりである組織が失敗を回避するにはどうすればいいのだろうか。

啓蒙されたリーダー

一八世紀に活躍した哲学者、イマヌエル・カント(注4)によれば、人間は、外部要因に対して刺激反応し、外圧の影響を受けて動物的・衝動的に行動する。これが人間の他律性である。取引コスト理論などの新制度派経済学は、制度に依存するという人間の他律性に着眼するのだが、それには限界がある。

一方で、カントは人間には外圧に抵抗する意志があり、その意志に従って自由に行動することもできるとする。たとえば、衝動的に安易な行動をした時、「そうすべきではなかった」と、みずからの行いを反省する。この道徳意識の存在が、人間の自律性の証だと言うのである。

カントは、人間が他律性と自律性を合わせ持つことに注目し、自律的な意志に基づく自由な行為こそ、動物にはない人間独自の行為だと考え（章末「他律的行動と自律的行動」を参照）、そこに人間の尊厳があるとした。

たしかに、人間は他律的であり、外部からの脅しや暴力や権威に屈してしまうかもしれない。また、取引コストの大きさに怯《ひる》むかもしれない。それでも、人間として生まれた以上、人間は自由な意志に基づき自律的に行動すべきである。脅しに耐え、取引コストを負担しても、なお正義や正しい状態へ移行すべきである。これが、人間としての責務であり、義務なのである。

これが、カントの人間学的道徳哲学である。そして彼は、自律的な意志を実践できる人間を「啓蒙された人」と呼んだ。

日本軍は、設立当初はメンバー同士が自由闊達に議論する組織であった。ところが、時間の経過とともに制度が完備され、特に人事制度が明確になると、制度上、どうすれば昇進できるのかが明確になった。

こうした状況で、昇進制度に忠実な他律的エリートたちが育成され、実権を握っていった。彼らは、前例主義を踏襲し、既定路線を走ることにのみ汲々とし、けっしてみずからの意志と責任の下に行動することはなかった。

こういう他律的エリートが統率する組織では、メンバーは容易に取引コストを計算し、合理的計算の下に全員一致で「空気」を読み取ることになる。そして、合理的に非効率的で不正な結論に導かれることになる。

この意味で、海軍は、不条理に陥ったエリート集団の典型であった。取引コストにとらわれた人々の、他律的な意思決定に対し、一石を投じることのできる人物、それが、自律的な意志を実践する「啓蒙された人」である。このようなリーダーが帝国海軍に数人いれば、組織の不条理から救われたはずである。

【注】

1）O.E.Williamson, *Markets and Hierarchies: Analysis and Antitrust Implications*, Free Press, 1975.（邦訳『市場と企業組織』日本評論社、一九八〇年）。

2）防衛庁防衛研修所戦史室編『戦史叢書 大本営海軍部・連合艦隊7』（朝雲新聞社、一九七六年）。

3）菊澤研宗『組織の不条理』（ダイヤモンド社、二〇〇〇年）。

4）I.Kant, *Grundlegung zur Metaphisik der Sitten*, 1785.（邦訳『改訂版 道徳形而上学原論』岩波書店、一九七六年）。

他律的行動と自律的行動

カントによれば、他律的行動とは、その行動の原因が自分自身にではなく、自分の外にある行動だという。「上司（親）に言われたから」「お金をあげると言われたから」という理由で行う行動である。それは、自分の外にある原因に反応して行動するという意味で、動物的な刺激反応行動と本質的に同じである。

しかも、他律的行動は、失敗した時に「親に言われたせいだ」「上司に言われたせいだ」と言い訳ができる。つまり、常に責任を回避できる行動であり、このような行動ばかりする人間に「責任」の概念は成立しないのだ。カントはこれを「未成年状態」と言った。

しかし、人間は単なる動物ではない。それを証明する「奇妙な意識」が存在する。たとえば、ある男性に、何年もつき合っている恋人がいるとする。ある日、その男性に美しい女性が言い寄ってきた。はたして、その男性は、恋人と別れてその美しい女性とつき合うだろうか。おそらく、彼は「そうすべきではない」と考える。これが、人間の道徳的意識である。

カントは、この道徳的意識は人間に内在する「自由意志」の表れだと考えた。これは、外からの刺激にとらわれないという意味で「消極的自由」であるが、これに基づき積極的に行動することもできるという意味で「積極的自由」でもある。だとすれば、自由意志に基づく自由な行為の原因は自分自身にあるのであって、問題が起こった場合、その行為の責任はほかでもなく自分にある。つまり、自律的行動は「上司（親）に言われた」からでなく、「自分の意志で行った」「責任を伴う」道徳的な行為である。カントは、ここに、動物にはない人間の尊厳を見たのである。

第12章

派閥の組織行動論

昭和期陸軍　皇道派と統制派の確執に見る

菊澤研宗

派閥は永続するのか、消滅するのか

「政治は数であり、数は力、力は金である」

かつて田中角栄は、みずからの政治観をこのように誇示し、金権政治と批判された。だが、自民党最大派閥の長として田中が絶大な権力を振るうことができたのは、民主主義政治において意思決定が数の論理（多数決原理）に基づいているからにほかならない。その意味で、田中の指摘は正鵠《せいこく》を得ているといえるだろう。

民主主義社会では、集団のなかで意見の対立が生じた場合、多数派の意見を採用する。それゆえ、戦後自民党では、「政策集団」と呼ばれた各派閥が参加メンバーたちの意見を集約し、それぞれが一致団結して統一的な政策を形成した。そして、自分たちの派閥が政策を実現するために、自民党の実権掌握をめぐって熾烈な覇権争いを繰り広げた。

たしかに、同じ意見を持つ者同士が結束すれば、田中が豪語したように数の論理によって母体組織への影響力を行使できる。勢力争いに巻き込まれるという煩わしさはついて回るが、それでも徒党を組んだほうが、個人で活動するよりも自分たちの利益を誘導しやすい。「政治は数」で決まるのが現実であり、これが、派閥の存在する最大の理由であろう。

ところが、集団内で拮抗していた複数の派閥間の力関係が変化して、一勢力の力が突出してくると、その派閥の暴走に歯止めが利かなくなる。最大派閥というものは、利益誘導に走りやすく、その結果、しばしば強行採決のような行きすぎた行為で少数意見を抑圧し、多数決に基づく決定を「正義」であるかのように振りかざすことになる。

こうした「民主主義の悪しき慣例」は、政治に限らず、企業組織においても蔓延している。その元凶は、派閥の存在にほかならないと考える人々は多く、彼ら彼女らが派閥に対して抱く悪いイメージは、拭いがたいものがある。

派閥については、これまでさまざまな観点から批判がなされてきたが、現実に派閥が解消すると考える人は皆無に等しい。山本七平は、いまから二十数年前、『「派閥」の研究』（文藝春秋）(注1)のなかで、派閥解消は空事にすぎないと主張した。それを実行しようとすれば、「派閥解消閥」という新たな派閥ができるだけで、結局、派閥は今後も世代を越えて引き継がれていくだろうと結論づけた。つまり、派閥は永続するということである。

しかし、明治維新後の陸軍の長州閥や海軍の薩摩閥は時代の趨勢には逆らえず消えていった。また、政界でも石橋派（石橋湛山《たんざん》）や藤山派（藤山愛一郎）は大派閥に吸収合併され、その系譜は途切れている。さらに、日本陸軍史上、最大といわれる皇道派と統制派との派閥抗争では、最大派閥であった皇道派が跡形もなく消滅した。

派閥というものは、はたして永続するものなのか、あるいは消滅するものなのか。この問題を考えるうえで、皇道派と統制派の抗争は好例といえる。

日本陸軍の二大派閥——皇道派と統制派の闘争

薩摩・長州・土佐からの徴集兵によって設立された日本陸軍は、長州出身の大村益次郎《ますじろう》や山県有朋《やまがたありとも》がトップを務めたことから、明治・大正期まで長州閥が実権を握っていた。ところが、大正期に入ると、長州閥を一掃して、出身地や身分による差別をなくそうという大義を掲げた反長州閥のグループが形成された。そして、同じ大義の下に結集したこれら勢力が、皇道派と統制派に分裂した。

皇道派は、暴力的手段によって政界を変革し、天皇親政による国家改造、すなわち立憲政治を否定する専制政治を目指していた。政党政治を排撃する軍人政治思想に基づく「昭和維新」というスローガンは、尉官級の隊付青年将校たち（陸軍士官学校卒業後、地方の部隊に配属された）から支持されていた。

これに対して、佐官級の中堅幕僚たち（陸軍士官学校ならびに陸軍大学校を卒業した、軍中枢のエリートたち）が中心となって形成されたのが統制派である（みずから名乗ったわけではないが、いつしかこのように呼ばれた）。彼ら中堅幕僚は、暴力的手段を否定し、軍中央部の一糸乱れぬ統制の下で合法的な国家改革を目指していた。

昭和期陸軍ではこの二つの派閥が対立して、結果的に皇道派は自滅し、統制派が生き残った。

なぜ、皇道派は自滅したのだろうか。(注2)

話は大正一〇年（一九二一）一〇月に遡る。ドイツのバーデンバーデンに三人の陸軍エリート、永田鉄山《てつざん》、岡村寧次《やすじ》、小畑敏四郎《とししろう》が集まり、陸軍の人事刷新と軍政改革、国家総動員体制の確立を誓い合った。いわゆる「バーデンバーデンの密約」である。

当時、第一次世界大戦についての情報収集と分析のためヨーロッパに派遣されていた三人は、この大戦で戦車、機関銃、飛行機、毒ガスなどの新兵器が登場したことで、軍備の近代化を痛感していた。しかも、関東大震災、世界大恐慌により日本経済は危機的状況にあり、満蒙《まんもう》問題を抱えて孤立を深める日本が外交力を発揮するうえでも、陸軍の近代化が急務であった。その際、最大の障壁となっていたのが、明治の元勲山県有朋以来の長州閥であった。

陸軍人事を刷新し、諸政策を強力に推し進める陸軍の中堅幕僚は、天皇親政の軍部独裁政権を樹立するため、昭和四年（一九二九）五月、永田、岡村、小畑らを中心に一夕会《いっせき》を形成した。彼らは、長州閥を牽制するため、反長州閥の荒木貞夫、真崎甚三郎《まざきじんざぶろう》、林銑十郎《せんじゅうろう》の三大将を盛り立てようと考えた。(注3)

ところが、昭和六年（一九三一）九月に発生した満洲事変の前後に、一夕会は分裂する。理由は、長州閥がすでに弱体化していたため設立当初の共通目的を失ってしまったからであり、また軍令（作戦）の専門家でソ連派の小畑と、軍政（行政）の専門家で中国派の永田が、満洲事変や上海事変をめぐり対立し始めていたからである。

こうしたなか、荒木貞夫が犬養毅《いぬかいつよし》内閣の陸軍大臣に任命された。荒木は長州閥を退け、真崎を参謀次長に指名し、陸軍首脳部の人事を自身に近い人材で固めた。「荒木の感情人事」と呼ばれたこの偏向人事によって、小畑は要職に就くが、永田は中枢から締め出された。そして、この頃から、荒木・真崎を頂点とするグループが皇道派を結成し、それに対峙するグループが統制派と呼ばれるようになった。

ところが、荒木は軍が要求する予算や政策を通すことができず、周囲を失望させた。実力不足だったのである。そして、昭和八年（一九三三）一一月、皇道派の青年将校らがクーデター未遂事件（士官学校事件）を起こすことになる。

これは、皇道派の青年将校、村中孝次と磯部浅一の下に出入りしていた士官学校生徒から非合法計画の情報が洩れて、中心メンバーが摘発された事件である。村中と磯部は、国家改造運動に熱心だったことから嫌疑をかけられたが、永田鉄山の陰謀であると無罪を主張した。この事件について、後年、真崎は、永田一派の策略であったと『備忘録』に記している。(注4) いずれにせよ、派閥間の緊張が高まっていた。

事件直後、統制派のエリート幕僚たちと皇道派の青年将校たちが、陸軍将校クラブ偕行社で会合を持った。統制派のエリート武藤章は、陸軍改革は自分たち中堅幕僚が中心となって進めるので、青年将校たちは政治運動を自重せよと命じた。これに対して、青年将校たちは反発した。陸大出身のエリートに農漁村の貧困がわかるはずはない、農漁村出身の兵士を同志とする自分たちだけが彼らの苦しみを理解し、改革を成し遂げられるのだと主張した。

さらに、青年将校から、自分たちに対する粛清について質問が出た。これに対し、幕僚から、軍中央の方針に従わなければ、今後は軍規違反と見なすという回答が返ってきた。政治運動は、軍服を脱いでやれというわけだ。

こうして、両者は決裂した。

昭和九年（一九三四）一月、荒木陸相が体調不良で辞任すると、教育総監の林銑十郎が陸軍大臣に就任した。荒木の後任には真崎が予想されていたが、真崎は教育総監に就いた。荒木は露骨な派閥人事を避け、皇道派と思われた林を陸相に推薦したのである。

しかし、林は皇道派ではなかった。陸相になった林は、就任二カ月後、荒木や真崎の思惑を無視して、永田鉄山を陸軍省軍務局長に呼び戻した。永田は抜群の事務能力を有し、決断力も構想力も備えていた。ドイツへの留学経験もあることからカント哲学などへの造詣も深く、省内の人望もあった。それを林は知っていた。

その後、林陸相は、真崎教育総監を筆頭に皇道派を一掃する人事案を作成し、天皇の裁可を経て、八月の定期人事異動を発表した。すると、永田が中心になって更迭人事を敢行したのだという内容の怪文書がばら撒かれ、皇道派将校の憤りは頂点に達した。

こうして、昭和一〇年（一九三五）八月一二日、陸軍省軍務局長室で執務中の永田が惨殺される事件が起こる。犯人は、福山の歩兵第四一連隊付から台湾歩兵第一連隊付に転属が決まってい

図表11◉皇道派・統制派をめぐる出来事

日付		出来事
大正10（1921）	10月27日	バーデンバーデンの密約
大正11（1922）	2月1日	山県有朋没
大正12（1923）	9月1日	関東大震災
大正14（1925）	4月22日	治安維持法公布
	5月1日	陸軍軍縮計画（宇垣軍縮）発表
昭和3（1928）	6月4日	満洲某重大事件（張作霖爆殺）
昭和4（1929）	5月19日	一夕会結成
昭和5（1930）	11月14日	浜口雄幸首相狙撃事件
昭和6（1931）	3月17日	三月事件（陸軍によるクーデター未遂）
	9月18日	柳条湖事件（満洲事変勃発）
	9月21日	朝鮮軍、満洲へ越境出動（司令官林銑十郎／統帥権侵犯）
	10月17日	十月事件（桜会によるクーデター未遂）
昭和7（1932）	1月28日	第1次上海事変勃発
	2月9日	血盟団事件（井上準之助前蔵相暗殺）
	3月1日	満洲国建国宣言
	3月5日	血盟団事件（団琢磨・三井合名会社理事長暗殺）
	5月5日	上海停戦協定調印
	5月15日	5・15事件（犬養毅首相暗殺）
	9月15日	日満議定書調印（満洲国承認）
昭和8（1933）	3月28日	国際連盟脱退
昭和9（1934）	1月23日	荒木貞夫陸相辞任（後任は林銑十郎）
	10月1日	陸軍パンフレット「国防の本義とその強化の提唱」発行
	11月20日	士官学校事件
昭和10（1935）	7月11日	「粛軍に関する意見書」配布
	7月16日	真崎甚三郎教育総監更迭（後任は渡辺錠太郎）
	8月12日	相沢事件（永田鉄山軍務局長刺殺）
昭和11（1936）	2月26日	2・26事件（斎藤実内大臣、高橋是清蔵相、渡辺錠太郎教育総監暗殺）
昭和12（1937）	7月7日	盧溝橋事件（日中戦争に発展）

た相沢三郎中佐であった。相沢は、皇道派の青年将校らと親交があり、真崎を崇拝していた。その真崎が教育総監を追われた人事に怒った相沢が、「永田天誅《てんちゅう》」と叫んで軍刀で襲いかかり、永田を即死させたといわれている。

さらに、翌年二月二六日早朝、明治建軍以来、陸軍最大の不祥事となった事件が起こる。皇道派の青年将校たちが、天皇親政による日本改造（昭和維新）を実現するため、真崎らを担いで維新内閣を樹立しようと企み決起した、いわゆる二・二六事件である。しかし、天皇が反乱の即時鎮圧を命じるなど、首謀者の思惑はことごとく外れ、四日後の二九日に鎮圧された。中心メンバーの青年将校は非公開の軍法会議にかけられ、ほとんどが七月一二日に処刑された。翌月には、粛清人事が公示され、皇道派は壊滅した。

以後、統制派は陸軍の主流ポストを占め、政治的発言力を強めて陸軍組織に同化していった。

山本七平の派閥永続論

そもそも派閥とは本質的に悪なのか、それとも必要悪とでもいうべきものなのか。

悪だと言う人々は、派閥の力学によって重要な役職が割り振られ、適任とはいえない人材が組織運営の主導権を握ることを批判する。つまり、効率的に人的資源が配分されないことを指摘するわけである。

たしかに、皇道派の荒木貞夫は陸相として派閥人事を優先し、適材適所の人事を完全に無視したために、批判の的となった。しかし、荒木に代わる陸相が適切な人事を行ったかといえば、けっしてそうではない。林銑十郎もまた派閥の力学を利用して権力を行使した。結局、人間は不完全なので、だれが人的資源を配分しても、完全に効率的に人的資源を配分することはできないのであろう。

政界でも、官公庁や企業においても、不適任な人事が行われたために、業務が停滞したという例は多い。今日に至るまで、おそらく完全に最適な人事が行われたことはないだろう。つまり、効率的な人的資源配分問題は派閥固有の問題ではないのである。

また、派閥抗争が展開されると、組織本来の目的や課題がなおざりにされることがある。この点についても、派閥の存在が批判される。しかし、この問題の本質は、全体と個の不一致の問題であり、それは派閥に限らず各部門間、あるいは各事業部間でも起こりうる。つまり、セクショナリズムの問題である。

このように、派閥をめぐる批判の多くが実は組織の問題であり、それゆえこれらの問題点を指摘することによって、派閥が絶対悪だと言うことはできない。では、派閥に固有の問題とは何か。

これについて、山本七平は『「派閥」の研究』のなかで、オモテの権力とウラの権力という概念を使って興味深い説明をしている。オモテの権力とは、法律や公式なルールに従って「公権力」が与えられ、一定の合理性を持ち、法による正当性が与えられる権力である。政治の世界で言えば、総理大臣の椅子や閣僚ポストなど「公職」の争奪戦を制した者が権力者となる。これが、「法のあるべき世界」である。

ところが、法的に正当性があっても実質的に権力を行使できない者が出てくる。たとえば、かつての自民党では、総理や大臣よりも、そうした公職に就かない田中角栄や小沢一郎のほうが組織を動かす力を持っていた。山本によれば、ジョン・K・ガルブレイスの言う権力の三源泉（個人的能力、財力、組織）を握る者が、「条理の整った一つの複雑さ」をもって組織を運営する状態であり、そこには合理性がない。これが、「事実として存在する世界」である。

西洋社会においては、法律や規範が歯止めとなり、それによって一定の合理性を持つ「法のあるべき世界」が非合理的な「事実として存在する世界」を制御する。同時にそれが「統合《インテグレーション》」の原理となる。

ところが、日本では、「事実として存在する世界」と「法のあるべき世界」が相互作用しないため、後者とは無関係に前者が存在してきた。そして、「事実として存在する世界」で統合の原理を掌握した田中角栄などはウラの権力を行使したために、「闇将軍」と呼ばれた、と山本は言う。このように、「事実として存在する世界」と「法のあるべき世界」が相互作用しなかったために、派閥はウラの権力として日本では古くから存在してきた、というのが山本の説明である。

しかし、個々の派閥を見れば、政界では派閥の領袖の死去に伴い大派閥に吸収合併され、系譜が途絶えた派閥も多く存在する。また、日本陸軍の長州閥や海軍の薩摩閥などは、厳密に言えば消滅したといえるだろう。

なかでも、陸軍最大派閥の皇道派は、統制派との抗争によって「事実として存在する世界」で消えた。これは、「事実として存在する世界」と「法のあるべき世界」が相互作用しないために、派閥は陸軍組織と無関係に存続するという山本の派閥永続論と矛盾する現象である。はたして派閥は永続するものなのか、それとも消滅しうるものなのか。

派閥の経済学アプローチ

派閥が永続するものなのかどうかという問題を解くために、派閥が発生し存続するメカニズムについて考えてみたい。それは、二〇〇九年度ノーベル経済学賞を受賞したオリバー・E・ウィリアムソンの取引コスト理論によって理論的に分析できる。(注5)

ウィリアムソンによれば、すべての人間は完全に合理的ではない。また、完全に非合理的でもない。何よりも、限られた情報のなかで限定合理的に行動すると仮定される。さらに、人間は機会があれば相手のすきにつけ込み、利己的利益を追求する機会主義的存在でもあるという。

このように、限定合理的で機会主義的な人間同士が自由に取引する場合、互いに相手を警戒し、駆け引きが起こる。たとえば、市場で知らない人と取引する場合、相手に騙されないように入念に調査し、同じ組織内のメンバーと議論する場合でも自分に有利になるよう事前準備が必要となる。それゆえ、合意に至るまでに無駄な時間と労力がかかる。

こうした交渉・取引に伴う人間関係上のコストが取引コストである。そして、この取引コストを節約するために、人間はさまざまな制度を形成したり、行動を起こしたりする。これがウィリアムソンの取引コスト節約原理である。

取引上のコストは、会計上に表れないという意味で目に見えないコストであるが、ほとんどの人間はその重みを認識することができる。たとえば、携帯電話のように既存製品よりも格段に優れた新製品が発売されたとしても、顧客は買い替えに伴う煩わしさなどの目に見えないコストの存在に気づくために、買い替えができない場合がある。つまり、人間は合理的に考えた結果、現状がたとえ非効率的であるとわかっていても、その状態に留まるという不条理に陥る可能性があるといえる。

派閥発生の効率性

以上のような理論に基づいて、派閥について分析してみたい。

組織には、さまざまな人間がいる。たとえば、理解力の乏しい人と意見を調整することは難しい。こういう人たちと交渉する場合、取引コストは著しく高い。あるいは、偏見を持つ人が交渉相手となる場合には、調整不能に陥るほどコストは高い。

こうした状況で、組織の全構成員の意見を聞いて、調整して結論を出すという民主的な意思決定プロセスを踏めば、どんな決定がなされても、人々の不満はある程度緩和され、事後的な反発は起こりにくい。それゆえ、この方法は政治学的には評価できる。

しかし、取引コスト理論的には、間違いなく失敗する。なぜなら、意見をまとめるために構成員一人ひとりと議論する交渉・取引コストはきわめて高く、最も非効率的な方法だからである。

陸軍組織の例で言えば、上層部が陸軍組織内の考えをまとめるために、軍人一人ひとりと民主的な議論をすれば、意見をまとめるまでに膨大な取引コストが発生することになるだろう。したがって、組織に迅速な意思決定が求められる場合、あるいは、環境の変化が激しくたえず変化が求められる場合には、民主的な意思決定プロセスは、政治学的には公平であっても経済学的に見れば非効率的であるといえる。

これとは逆に、独裁的な意思決定は民主的決定プロセスにかかる取引コストを省略できるため、一見、迅速かつ効率的な方法に見える。しかし、独裁は政治学的に嫌悪され、事後的にメンバーからの反発を受けやすい。実行段階あるいは実行後に、組織内の人々の不満は最高潮に達し、不満を持つ人々と交渉し説得するための取引コストは非常に高くなるだろう。したがって、独裁的な意思決定は、政治学的に不公平であるとともに経済学的に見ても非効率的なシステムといえる。

以上のことから、完全に民主的でなく完全に独裁的でもない、両者の中間に位置する意思決定システムが効率的であるといえる。これが、派閥である。

事前に発生する取引コストは民主的な意思決定システムより低く、事後的に発生する取引コストも独裁的な意思決定システムより少ない。つまり、事前ならびに事後に発生する取引コストが三つのなかで最も低く、それゆえ最も効率的な方法なのである。(注6)

したがって、日本陸軍内で、ある目的を達成するために、皇道派や統制派という派閥が誕生したのは、きわめて効率的な現象だったのである。このように、取引コスト理論的に言えば、山本が主張するように、派閥は、効率的に、いつどこでも生まれる可能性があるといえる。

派閥存続の正当性

組織内では常に派閥が効率的に発生することになるとしても、歴史的な事実からも明らかなように、すべての派閥が永続するという保証はない。

一般に、組織は何らかの法や公式ルールの規制を受け、その組織に属する派閥も同様の規制を受ける。それゆえ、「事実として存在する世界」と「法のあるべき世界」は、常に相互作用すると私は考える。

ここで、もし組織と派閥の目指す方向性がある程度一致しているならば、その派閥は効率的であると同時に、組織から正当な存在として認められるので、生存する可能性は高くなる。さらに、社会的ルールや法律が社会的状況をある程度反映しているならば、その派閥の存在は社会のあり方とも矛盾しない。たとえ両者に多少のズレがあっても、そのズレは比較的小さいため、その調整をめぐる取引コストも低い。

これに対して、組織と派閥の方向性が大きく乖離する場合、たとえ派閥が効率的に発生したとしても、その派閥は組織内で正当な存在と認められず、社会的にも容認されないだろう。しかも、その乖離をなくそうとすれば、大変革が必要となり、そのために多大な取引コストが発生する。

しかし、そのコストがあまりにも大きいために、多くの人々は変革を拒否する方向に動く。こうして、そのような派閥は自滅するかあるいは組織や社会からの圧力によって淘汰されることになる。

この観点から、日本陸軍の二大派閥、皇道派と統制派を考察してみたい。

陸軍は軍事組織であり、組織内の派閥に対して、「あるべき姿」として軍事合理性に基づく行動を要求する。明確な軍事的目的を掲げて誕生した統制派の行動は、陸軍組織のそれと一致していた。それゆえ、陸軍内部でその正当性が認められたのである。

また、たとえ陸軍組織との間に若干の差が生じ、それを解消するために統制派あるいは陸軍組織を改革する必要性があったとしても、両者の目的は大枠一致していたので、調整をめぐる取引コストは比較的少なかった。つまり、統制派が存続できたのは、その目的と行動が陸軍組織の「あるべき姿」によって正当化できたからである。

これに対して、皇道派は「昭和維新」という政治的目的を掲げていた。それは陸軍組織としての「あるべき姿」とは合致せず、陸軍内部においてその活動は正当化されなかった。つまり、皇道派は効率的に誕生したものの、正当ではなかったのである。

皇道派の行動と軍事組織としての「あるべき姿」とのギャップは大きく、それを埋めるため、皇道派は大変革を目指すことになる。すなわち、皇道派の目的を大幅に変更して陸軍のそれに合わせるか、あるいは陸軍組織を規定する制度やルールを皇道派の目的に合わせて大変更するかのいずれかを選択する必要に迫られるのであった。

この場合、どちらも非常に高い取引コストが発生することになる。そしてコストがあまりにも高かったために、多くの人々は皇道派による改革を抑止する方向に動いたのである。事実、皇道派は改革に失敗し、自滅の道を進んだ。まさに、統制派が主張したように、政治的活動をしたければ、軍服を脱いで行うべきだったのである。

派閥の力学に見るガバナンスの教訓

以上のように、皇道派と統制派はともに陸軍内部で効率的に発生し、正当性を得ることができなかった皇道派の自滅という形で終わった。他方、正当性を得た統制派は陸軍組織と同化した。しかし、統制派の効率性と正当性はあくまで一組織内の話にすぎない。なお、残されている問題がある。それは、統制派をだれが統治するかであった。

派閥の抗争後、なお複数の派閥が存在していたならば、それらが相互に牽制し合い、常に均衡点を見出すように活動して、組織はある程度、自己統治されるだろう。それゆえ、派閥中心の組織であっても暴走は避けられる可能性が高い。

しかし、日本陸軍のように、派閥抗争の末、一つの派閥が組織を支配するようになった場合、最終的にだれがその組織を統治するのかが重要な問題となる。残念ながら、日本陸軍では、そのようなガバナンス問題は解かれていなかった。

この問題は、企業はだれのものであり、それゆえだれが企業を統治するのかというコーポレート・ガバナンス問題と同じである。この問題に対して、アメリカ軍の所有者は、いまも昔も変わらず明確である。それは、政府でもなく、政治家でもなく、官僚でもなく、最終的にアメリカ国民に帰属する。それゆえ、軍が生み出すプラス・マイナス効果は、すべて国民に帰属することになる。

したがって、アメリカ国民は、軍がマイナス効果を避けプラス効果を生み出すように、議会を通してアメリカ軍をシビリアン・コントロールする。たとえば、太平洋戦争における日米最終決戦の一つであった硫黄島の戦いで、アメリカ軍は兵士の死傷者数が日本軍を上回った。この事実がアメリカ国内で報道されると、国民から、このマイナス効果を避けるために、一時的に軍を撤退させるべきだとの声が上がり、アメリカ軍の行動に影響した。また、ベトナム戦争では、まさに国民の声によってアメリカ軍は撤退を余儀なくされた。

これに対し、日本軍の所有権は形式的には天皇に帰属していたが、実質的にはそうではなかった。それゆえ、日本軍が生み出すプラス・マイナス効果は天皇に直接帰属することはなく、したがって、天皇が日本軍を効率的に統治することはできなかった。事実、日本軍は、天皇の意思とは無関係に何度も行動した。

たとえば、陸軍で言えば、河本《こうもと》大作による満洲某重大事件や石原莞爾《いしわらかんじ》による満洲事変がそうである。特に、満洲事変では、朝鮮派遣軍司令官の林銑十郎が天皇の命令なく独断で満洲に進出したため、「越境将軍」といわれた。

このように、日本軍はだれのものであり、それゆえだれが日本軍を統治するのか、というガバナンス問題が解かれないまま、日本軍は巨大化し、その後、暴走していったのである。(注7)

【注】

1）初版は、一九八五年、南想社発行の『派閥』。
2）新人物往来社編『日本の軍閥』（新人物往来社、二〇〇九年）。
3）戸部良一『逆説の軍隊』（中央公論社、一九八九年）。
4）保阪正康『東條英機と天皇の時代』（筑摩書房、二〇〇五年）。
5）O. E. Williamson, *Markets and Hierarchies: Analysis and Antitrust Implications*, Free Press, 1975.（邦訳『市場と企業組織』日本評論社、一九八〇年）、O. E. Williamson, *The Economic Institutions of Capitalism: Firms, Markets, Relational Contracting*, Free Press, 1985.
6）菊澤研宗『なぜ改革は合理的に失敗するのか』（朝日新聞出版、二〇一一年）。
7）菊澤研宗『比較コーポレート・ガバナンス論』（有斐閣、二〇〇四年）。

ウェーバーの「価値自由原理」で考える――効率性問題と正当性問題の違い

ドイツの社会科学者マックス・ウェーバーは、事実問題（効率性の問題）と価値問題（正当性の問題）を区別し、経験科学としての社会科学は事実問題だけを扱い、価値問題を扱うべきではないと主張した。これが、ウェーバーの社会科学方法論の中心原理である「価値自由原理」である。

たとえば、ある企業行動を見た時、その企業が実際に効率的に行動しているか、それゆえヒト・モノ・カネなどの経営資源を無駄なく利用しているかという効率性の問題は、事実問題の一つである。これは、事実を調べることによって議論に決着をつけることができる。それゆえ、合理的に議論ができる問題である。

これに対して、ある企業行動を見た時、その行動が社会倫理や規範に照らして正しいかどうかを問う正当性の問題は、価値問題の一つである。この場合、正当性の基準となる社会倫理や規範は絶対的なものではなく、特定の社会の文化や歴史などを反映している。たとえば、ある国では不正と見なされる行動が、別の国では正当と見なされるかもしれない。それゆえ、このような価値問題を議論する時は、互いに意識して妥協しない限り永遠に決着がつかないだろう。

このように、事実問題と価値問題は区別すべきであり、しかも価値問題は合理的に議論できず、神々の闘いになるので、我々は合理的に議論できる事実問題だけを扱うべきである、というのがウェーバーの社会科学方法論であった。

これに対して、ジョージ・ソロスが師と仰ぐ科学哲学者カール・ライムント・ポパー(注)は、価値問題と事実問題を区別することは重要であるが、価値問題は合理的に議論できないと決めつけるべきではないと言う。そして、そのような考えが、国際紛争をめぐって最終的に暴力による決着を導くことになると主張する。何よりも、ポパーは論理整合性を基準にして、価値問題についても我々は十分議論すべきであり、事実、それは可能であると主張した。

いずれにせよ、重要なのは効率性（事実）問題と正当性（価値）問題は異なるということであり、効率的なものが常に正当であるということにはならないのである。このことが理解できれば、ここで議論した日本陸軍における皇道派と統制派の抗争の結果も納得できるだろう。皇道派は効率的であったが正当ではなかったために自滅し、統制派は効率的であるとともに正当でもあったために生き残れたということである。

【注】

Karl R. Popper, *Conjecture and Refutations: The Growth of Scientific Knowledge*, Harper & Low Company, 1965.（邦訳『推測と反駁：科学的知識の発展』法政大学出版局、一九八〇年）、Karl R. Popper, *Unended Quest: An Intellectual Autobiography*, Open Court Publishing Company, 1976.（邦訳『果てしなき探求 知的自伝』岩波書店、一九七八年）、Karl R. Popper, *Auf der Suche nach einer besseren Welt*, Piper Verlag GmbH, 1987.（邦訳『よりよき世界を求めて』未來社、一九九五年）。

論理に依存するリーダーの限界

［対論］リーダーの「現場力」を検証する

野中郁次郎×杉之尾宜生

［聞き手］編集部

あとがきにかえて

ノモンハン事件に見るソ連の戦略と日本の戦略不在

編集部（以下略）：一九八四年に発表された『失敗の本質』は、日本軍の戦略を組織論的視点から分析した不朽の名作として、いまなお版を重ねています。

杉之尾　二十数年を経て振り返ると、反省すべき点、新しい史実が明らかになったことで見直すべき点もあるように思えます。

野中　私は、歴史観について気になることがあります。『失敗の本質』は、失敗した戦闘という一回性のなかから普遍を抽出しようとする試みでした。

歴史が科学たりうるかという問いは古くて新しいテーマですが、科学に近づこうとしても、そこにはアートの側面が色濃く残ります。それはマネジメントもまったく同じだと思います。

私たちは歴史家ではありません。私たちが歴史を学ぶのは、よりよい未来をつくるためです。極論すれば、『失敗の本質』は、よりよい未来をつくるためのフィクションに近い。もちろん、事実に対しては極力謙虚でなければなりません。そのような態度を維持しながら、この本では、よりよい未来をつくるために新しい歴史観を提示しようとしたわけですが、いまから思えばその説明が、やや足りなかったかもしれません。

新しい史実という観点では、『失敗の本質』刊行後、特にソ連関係のさまざまな歴史資料が公になりました。

杉之尾　『失敗の本質』の第一章では、満洲（現中国東北部）と外蒙古《がいもうこ》（現モンゴル）の国境線をめぐって日本軍（関東軍）・満洲国軍とソ連・外蒙古軍が衝突したノモンハン事件を扱っています。日本軍の組織特性や欠陥が浮き彫りとなった、日本軍の〝失敗の序曲〟とでも言うべき武力衝突です。これについては、ソ連崩壊後に多くの史料が公開され、ノモンハンの作戦・戦闘に関する事実認識にも、変更を迫るようなものが少なからずありました。しかし大きな変更は大戦略次元のものでした。

特に作戦・戦闘の背後にある政治の動きについては、かなり詳細にわかってきました。ヨシフ・スターリンは、社会主義の祖国ソ連を守る大戦略のなかに、ノモンハンという国境事件を明確に位置づけています。そして、ソ連共産党書記長として首尾一貫した方針の下、国際共産主義運動の組織コミンテルンと、国家の組織である外務省やソ連軍を有機的・統合的に駆使して戦略目的の成就に収斂させせました。

一方、日本は非対称的に、「ちょっとした国境紛争だから、関東軍に任せておけばいい」という姿勢でした。同じ陸軍のなかでも、参謀本部と関東軍には確執がありましたからね。まして、陸軍と外務省の連携などは望むべくもなかったと思います。

大日本帝国憲法の分権構造とリーダーシップのスタイル

杉之尾　ノモンハン事件の作戦・戦闘は、昭和一四年（一九三九）の五月から九月にかけて行われました。ソ連の大攻勢は八月二〇日で、三日後、独ソ不可侵条約が締結されます。その年の一月に第三五代内閣総理大臣に就任したばかりの平沼騏一郎《きいちろう》は、ソ連に対抗する日独同盟の締結を模索していました。この時、「欧州の天地は複雑怪奇」という有名な言葉を吐いて、内閣総辞職を選択しました。

当時の史料を調べてみると、ドイツとソ連の接近をうかがわせる多数の情報が、陸軍や海軍、外務省に入っています。しかし、これらの組織がともに事態を検討したことを示す証拠は、まだ得られていません。陸海軍と外務省にとって、独ソ不可侵条約は、少なくとも寝耳に水ではなかったはずなのですが、獲得した情報《インフォメーション》の分析処理、インテリジェンスへの転換はできませんでした。おそらく、平沼首相にも情報は上がっていなかったのではないかと思います。

なぜ、重要な情報を適切に評価できなかったのでしょうか。

杉之尾　自分たちの役所の政策にとって好都合な情報には飛びつきますが、それに反するものは無視する傾向があります。これは、日本の官僚機構に限ったことではなく、官僚制組織一般に表れやすい逆機能現象です。

したがって多くの先進諸国は、この弊害を回避するために、国家としての中央情報機関を整備運用していました。客観的な視点からナマの情報を分析処理するためには、特定の役所に属さない機関が必要という認識からです。そのような機関は日本にありませんでしたし、同じような状態は現在もなお続いています。

官における組織の壁は、いまも手ごわい課題です。

杉之尾　総理大臣に大きな権限を与える現在の日本国憲法と、大日本帝国憲法(いわゆる明治憲法)では、権力構造がまったく違います。明治憲法下の総理大臣は国務大臣のなかの「同輩のなかの首席」にすぎず、各国務大臣に対する任免権もなく、各大臣には天皇に対する報告義務はあっても総理大臣に対するそれはありませんでした。地方行政、治安、財務、外交といった国務事項は、各国務大臣の天皇に対する輔弼《ほひつ》によって行われ、政治権力は分断されていました（図表12「戦前日本の国家権力の構造」を参照）。近代国家としては、およそ考えられない仕組みだと思います。

平時において機能しえたとしても、危機に際して迅速な意思決定をするような組織構造になっ

図表12●**戦前日本の国家権力の構造**

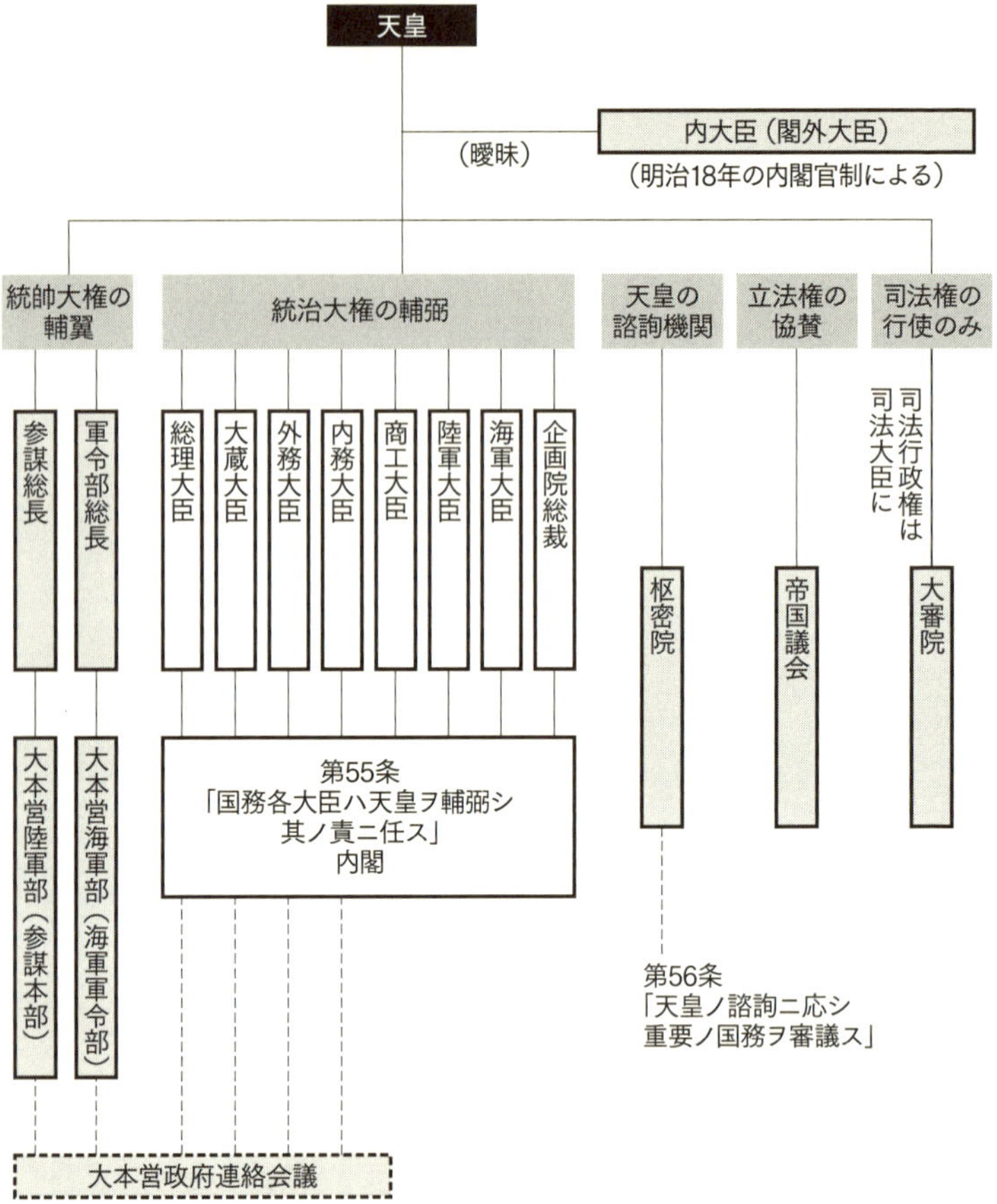
天皇
内大臣（閣外大臣）
（曖昧）
（明治18年の内閣官制による）
統帥大権の輔翼
統治大権の輔弼
天皇の諮詢機関
立法権の協賛
司法権の行使のみ
参謀総長
軍令部総長
総理大臣
大蔵大臣
外務大臣
内務大臣
商工大臣
陸軍大臣
海軍大臣
企画院総裁
司法行政権は司法大臣に
枢密院
帝国議会
大審院
大本営陸軍部（参謀本部）
大本営海軍部（海軍軍令部）
第55条
「国務各大臣ハ天皇ヲ輔弼シ
其ノ責ニ任ス」
内閣
第56条
「天皇ノ諮詢ニ応シ
重要ノ国務ヲ審議ス」
大本営政府連絡会議

ていない。そうした憲法の下で日清・日露戦争を乗り切れたのは、要所に配された人物の力量によるところが大きいのでしょう。

野中　官僚組織であっても、それを運営しているのは人間です。組織は一般的・抽象的な見えない構造で実体ではないのです。それを構成する実在としての人間のリーダーシップが優れていれば、組織の壁を越えて横にもつながることもできるはずです。

杉之尾　日清・日露戦争当時のリーダーは、陸軍士官学校や海軍兵学校で勉強した秀才ではありません。幕末維新を白刃の下で戦った人たちです。

たとえば、日露戦争において満洲軍総司令官大山巖《いわお》大将を支えた同軍総参謀長を務めた児玉源太郎の恬淡とした生き方です。児玉は台湾総督の要職にありながら陸軍大臣、さらに内務大臣をも兼職していました。親任官である大臣から勅任官である参謀次長への補職は明らかな降格人事です。ところが児玉は、大山参謀長の真摯な懇請を受け了承します。ロシアによる植民地化の脅威を目前にし、人事的処遇など大事の前の小事であるというのが児玉の考えでした。

児玉は陸軍士官学校や大学で学んだ経験はありませんが、白刃実弾の充満する実戦場裡で体験的に学習し、現場という局面に対応しつつ、常に全体を俯観しながら策を練る修練に努めました。部分最適の追究に埋没することなく、常に全体最適を追究し続けた修練の成果が、日露戦争の作戦指導のみならず、戦争指導においても遺憾なく発揮されました。

野中　組織構造の問題はあったでしょうが、私は戦闘のレベルに視点を落として、現場に出ないリーダーが多かった点に注目したい。現実を直視しなければ、真理に近づくことはできない。しかし、現場に赴きリポーターのごとく分析対象を観察するだけでは、現実を見たことにはならない。さらに、現場の活動に身を投じて体験を共有するなかで相手の視点に立った生きた現実が見えてくるのです。これらを身につけたリーダーが、陸海軍のなかに、はたして何人いたか。山本五十六《いそろく》もほとんどの場合、後方に陣取っていました。

リーダーシップのスタイルは、日米で大きく異なっていたのでしょうか。

野中　第二次世界大戦中、アメリカの太平洋艦隊司令長官だったチェスター・W・ニミッツは、ハワイを訪れた時に、部下のレイモンド・A・スプルーアンスと同じ家に住み、ワイキキで泳ぎながら何日も一緒に過ごしました。日常の立ち居振る舞いの徒弟的な「場の共有」をしたのです。だからスプルーアンスは、ニミッツの戦略・戦術を暗黙知レベルでも共有していたから、一回限りのミッドウェーの偶然を取り込むことができたのでしょう。

イノベーションは多くの場合、帰納的に生まれます。海兵隊の水陸両用作戦のコンセプトは、アール・H・エリス少佐による太平洋諸島の日本軍の脆弱な防御陣地の観察から直観的に生まれたものです。その後、ガダルカナル以来二六回に及ぶ実践での検証・修正を繰り返し、普遍化したのです。日本軍は一度として水陸両用作戦を完全に打破することはできませんでした。
賢慮《フロネシス》ないし実践知のリーダーは、アメリカ軍のほうが多かったのではないかと思います。

現実のなかから帰納的に仮説を導き、それを次の現実において実践していくわけですね。

野中　そうです。実践していくなかで、意図せざる結果も出てきますから、それを持ち帰って、仮説に修正を加える。現場とコンセプトとの間をたえず行き来するのです。この「フィードバック・ループ」が、アメリカ軍においては非常にうまく回っていました。
一方の日本軍は、日露戦争の成功体験から、帰納的に白兵銃剣、艦隊決戦というコンセプトを創出しました。これもまた、実践を通じて考え抜いて普遍化して生まれた仮説です。しかし、変化する環境に適応するための修正を怠り、フィードバック・ループが途絶えてしまった。その意味で、日本軍は硬直的であり、アメリカ軍はダイナミックでした。ここに、日米の決定的な差があったように思います。

杉之尾　日露戦争の成功体験から帝国海軍が大艦巨砲主義を帰納した一〇年後、第一次世界大戦で航空機と潜水艦が出現します。列強海軍首脳はこの事実を共有していたのですが、海面上の砲撃戦から空中と海中の戦い、つまり二次元から三次元への海戦様相のパラダイム・シフトに対する認識は定着しませんでした。

それができていた数少ない提督が山本五十六です。その結晶がハワイ奇襲作戦ですが、結果的に帝国海軍は、艦隊決戦から航空決戦へのコンセプト転換ができませんでした。

陸軍では、明治四二年に『歩兵操典』が改訂され、「戦闘ニ最終ノ決ヲ与フルモノハ銃剣突撃トス」という文言が明記されると、これが大東亜戦争の敗北に至るまで墨守されました。日露戦争陸戦の実相を克明に検討しても、勝利の要因が銃剣突撃にあったという結論には至りません。なぜ作戦・戦闘の実相と異なるマニュアルが制定されたのか不可解です。

また、第一次世界大戦に多数の俊秀を観戦武官として派遣し、一〇〇〇件以上の適切貴重な報告書を得ながら、典範令《マニュアル》の改訂や新編にはほとんど有効活用されなかったことも、残念至極なことです。

野中　要するに、現場での場数が足りないのです。日露戦争以来、日本軍は本格的な戦争を戦っていません。第一次大戦に参戦はしましたが、それを皮膚感覚で体験したとはいえません。ただし、第一次世界大戦ではアメリカ軍も似たようなものでした。おそらく、大きな役割を果たしたのは優秀な民間人たちだと思います。彼らが参加することで、より多くの英知を結集させ、時に飛躍した仮説を練り上げることができた。また、先ほどご指摘された、インテリジェンスもあるでしょう。

そうした多様なソフトウエアによって、仮説を戦略や戦術に具体化することができたのではないか。一方で、リーダーが現場での経験のなかから本質なものをすくい上げ、フィードバックする作業も行われていました。

「健在主義」を恐れる雰囲気――キスカ島撤退作戦と木村昌福

野中　フィードバック・ループを機能させるうえで、現場を身体的に理解しているリーダーの存在は不可欠です。しかし、日本軍にそういう将官はあまりいませんでした。また、新しい仮説をつくって実践する本当のリスクを取る勇気を持つリーダーも少数でした。ところが、なぜか撤退戦はうまくいったものが多い。キスカとかガダルカナルなどはそうですね。

杉之尾　おっしゃる通りです。キスカの撤退作戦を指揮した木村昌福《まさとみ》少将は、中央勤務はほとんどなく、駆逐艦に装備した魚雷で敵艦に肉迫し魚雷攻撃するという、言わば単純だが困難な水雷訓練を三〇年も繰り返してきた人です。現場を知り尽くしていましたし、判断力、決断力、実行力ともに優れたリーダーだったと思います。

野中　現場経験のなかでさまざまな文脈を身につけているから、的確な判断ができる。しかし残念ながら、そういうリーダーは、あまり中央には行きませんでした。

杉之尾　木村は、哨戒厳重なアメリカ海軍に発見されることなくキスカの守備隊を救出するには、視界をさえぎる濃霧の活用が必須不可欠だと確信していましたので、濃霧の発生を粘り強く待ち続けます。そのため燃料を消尽し、補給のため一時帰投し捲土重来《けんどちょうらい》を期する決断を下しました。

ところが上層部は、木村の作戦指揮は勇断を欠く「健在主義」であると非難しました。当時の軍人にとって、「健在主義」とか「卑怯者」と批判されることは耐えがたい侮辱でした。いったん命令として下達されれば、軍事合理性の欠落した無謀な突撃も非条理な玉砕も許容される組織文化・風土が培われていたのです。

しかし木村は、キスカ守備隊全員の無事救出という作戦目的の達成のみがみずからの使命であると確信し、軍人界における毀誉褒貶《きよほうへん》も立身出世もまったく眼中にありませんでした。木村に代表される現場指揮官たちは、『孫子』の「進みて名を求めず、退きて罪を避けず、唯《た》だ民を是《こ》れ保ちて、利を主に合わせるものは、国の宝なり(注)」をみずから体現したのです。

野中　日本の指揮官や参謀の多くは、生きた現実の経験を抜きに論理に頼り、これを鵜呑みにし、「策士策におぼれる」ごとく、自分たちだけに通じる「論理的作戦」を現場に強要していった。「悪しき演繹」でしょう。その結果が、軍部にとって都合のよいスローガンです。現場を忘れたリーダー、あるいは、現場を知らないリーダーは、非現実的な価値観にとらわれやすい。

現在のビジネス・リーダーも、その点は肝に銘じる必要がありそうです。

野中　少なくとも、第二次世界大戦前のアメリカの軍隊組織は現場主義でした。企業例を見ても、ウェスタン・エレクトリックのホーソン実験をはじめ、フォード・モーター創設者のヘンリー・フォード、ＩＢＭ初代社長のトーマス・ワトソンなど、例を挙げればきりがありません。

ところがどういうわけか、戦後、そうではなくなってしまった。ベトナム戦争で混乱と錯誤と失敗を繰り返したアメリカの指導者、ロバート・マクナマラ国防長官（当時）は、ベトナム戦争の教訓として、アジアを理解していなかったこととアメリカ国民の理解を十分得なかったことなどを挙げ、「我々が間違っていたことは歴史が証明している」と述べています。当時マスコミは、「人間的判断より論理的判断を優先する人間コンピュータ」と彼を評した。マクナマラは、実践知を軽視したリーダーの典型といえるでしょう。

【注】
攻撃に際しては個人的な栄誉を求めず、後退に際しては、懲罰を逃れようとはせず、国民の保護と主君の最高利益のために貢献する将帥は国の宝である（地形篇第一〇）。

著者プロフィール

野中郁次郎 *Ikujiro Nonaka*

一橋大学 名誉教授

カリフォルニア大学バークレー校卒業。専門は組織論。防衛大学校教授、一橋大学大学院国際企業戦略研究科教授などを経て二〇〇六年より現職。二〇〇二年紫綬褒章受章、二〇一〇年瑞宝中綬章受章。著書に『知識創造企業』（東洋経済新報社、一九九六年）、『アメリカ海兵隊』（中央公論社、一九九五年）、共著に『失敗の本質』（一九八四年の初版はダイヤモンド社、一九九一年に中央公論社から文庫版）、『戦略の本質』（日本経済新聞社、二〇〇五年）、『知識創造経営のプリンシプル』（東洋経済新報社、二〇一二年）、『知的機動力の本質』（中央公論社、二〇一七年）など多数。

杉之尾宜生 *Yoshio Suginoo*

元 防衛大学校 教授

一九三六年生まれ。防衛大学校卒業。陸上自衛隊入隊。第七師団戦車大隊、防衛大学校教授等を歴任。二〇〇一年三月定年退官（元一等陸佐）。専門は戦史・戦略。著書に、『現代語訳 孫子』（日本経済新聞出版社、二〇一四年）、『大東亜戦争 敗北の本質』（筑摩書房、二〇一五年）、共著に、『失敗の本質』（ダイヤモンド社、一九八四年）、『戦略の本質』『撤退の研究』（ともに日本経済新聞社、二〇〇五年、二〇〇七年）など多数。

戸部良一 *Ryoichi Tobe*

国際日本文化研究センター 教授

京都大学大学院法学研究科博士課程満期退学。法学博士（京都大学）。専門は日本近現代史。防衛大学校教授などを経て二〇〇九年より現職。著書に『日本の近代9 逆説の軍隊』（中央公論社、一九九八年）、『日本陸軍と中国』（講談社、一九九九年）、『外務省革新派』（中央公論新社、二〇一〇年）、共著に『失敗の本質』（一九八四年の初版はダイヤモンド社、一九九一年に中央公論社から文庫版）など。

土居征夫 *Yukio Doi*

武蔵野大学 客員教授／日本信号 顧問

一九六五年東京大学法学部卒業、通商産業省（現経済産業省）入省。生活産業局長を経て九四年に退官。商工中金理事、ＮＥＣ取締役・執行役員常務等を経て、二〇〇四年企業活力研究所理事長、二〇一一年より現職。著書に『人づくり・国づくり』（財界研究所、二〇一〇年）、『下剋上』（日本工業新聞社、一九八二年）、共著に『日本の未来を託す！』（時評社、二〇一二年）などがある。

河野 仁 *Hitoshi Kawano*

防衛大学校 教授

一九六一年生まれ。大阪大学大学院人間科学研究科博士課程前期課程修了。ノースウェスタン大学大学院博士課程修了。Ph.D（社会学）。二〇〇四年より現職。二〇一一年八月より防衛省人事教育局人材育成企画官を兼務。専門は軍事社会学。著書に、『〈玉砕〉の軍隊、〈生還〉の軍隊』（講談社、二〇〇一年）、共著に、*The Battle for China*, Stanford Univ. Press, 2010、『日中戦争の軍事的展開』（慶應義塾大学出版会、二〇〇六年）、『岩波講座　アジア・太平洋戦争5　戦場の諸相』（岩波書店、二〇〇六年）、『戦後日本の中の「戦争」』（世界思想社、二〇〇四年）など。

山内昌之 *Masayuki Yamauchi*

明治大学 特任教授

一九四七年札幌市生まれ。北海道大学文学部卒業。東京大学学術博士。カイロ大学客員助教授、トルコ歴史協会研究員、ハーバード大学客員研究員、東京大学大学院総合文化研究科教授などを経て二〇一二年より現職。専攻はイスラム史・国際関係史、中東イスラム地域研究。紫綬褒章受章。『スルタンガリエフの夢』（東京大学出版会、一九八六年、サントリー学芸賞受賞）、『瀕死のリヴァイアサン』（TBSブリタニカ、一九九〇年、毎日出版文化賞受賞）、『ラディカル・ヒストリー』（中央公論社、一九九一年、吉野作造賞）など著書多数。専攻分野以外にも、『嫉妬の世界史』『リーダーシップ――胆力と大局観』（ともに新潮社、二〇〇四年、二〇一一年）などがある。

菊澤研宗 *Kenshu Kikuzawa*

慶應義塾大学 商学部 教授

慶應義塾大学商学部卒業。同大学院商学研究科博士課程修了。慶應義塾大学博士（商学）、ニューヨーク大学スターン・スクール・オブ・ビジネス客員研究員、防衛大学校総合安全保障研究科教授、中央大学専門職大学院国際会計研究科教授を経て、二〇〇六年より現職。著書に、『組織の不条理』『戦略学』（ともにダイヤモンド社、二〇〇〇年、二〇〇八年）、『比較コーポレート・ガバナンス論』（有斐閣、二〇〇四年）、『なぜ改革は合理的に失敗するのか』（朝日新聞出版、二〇一一年）など多数。

・第1章～第12章の初出は『DIAMONDハーバード・ビジネス・レビュー』。第1章、第4章、第9章、第10章、第11章は二〇一一年一月号に掲載、第2章、第3章、第5章、第6章、第7章、第8章、第12章は二〇一二年一月号に掲載。

・「［対論］リーダーの『現場力』を検証する」の初出は『週刊ダイヤモンド別冊 歴学』二〇一〇年一月一一日号に掲載。

失敗の本質 戦場のリーダーシップ篇

2012年7月26日　第1刷発行
2025年6月9日　第11刷発行

編著者——野中郁次郎
著　者——杉之尾宜生／戸部良一／土居征夫／
　　　　　河野 仁／山内昌之／菊澤研宗
発行所——ダイヤモンド社
〒150-8409　東京都渋谷区神宮前6-12-17
https://www.diamond.co.jp/
電話／03･5778･7228(編集)　03･5778･7240(販売)

装丁————デザインワークショップ・ジン
製作進行——ダイヤモンド・グラフィック社
印刷————堀内印刷所(本文)・新藤慶昌堂(カバー)
製本————ブックアート
編集担当——中田雅久、榎本佐智子

ISBN 978-4-478-02155-2